THE STORY OF THE NOBEL PRIZE

诺贝尔奖的故事

王楠楠 / 编著

哈尔滨出版社
HARBIN PUBLISHING HOUSE

图书在版编目（CIP）数据

诺贝尔奖的故事 / 王楠楠编著.—哈尔滨：哈尔滨出版社，2019.5
ISBN 978-7-5484-3572-3

Ⅰ.①诺… Ⅱ.①王… Ⅲ.①诺贝尔奖 – 青少年读物 Ⅳ.①G321.2-49

中国版本图书馆CIP数据核字（2017）第170107号

书　　名：**诺贝尔奖的故事**
NUOBEIER JIANG DE GUSHI

作　　者：王楠楠　编著
责任编辑：韩金华　滕　达
责任审校：李　战
封面设计：上尚装帧设计

出版发行：哈尔滨出版社（Harbin Publishing House）
社　　址：哈尔滨市松北区世坤路738号9号楼　　邮编：150028
经　　销：全国新华书店
印　　刷：哈尔滨市石桥印务有限公司
网　　址：www.hrbcbs.com　　www.mifengniao.com
E-mail：hrbcbs@yeah.net
编辑版权热线：（0451）87900271　87900272
销售热线：（0451）87900202　87900203
邮购热线：4006900345　（0451）87900256

开　　本：787mm×1092mm　1/16　印张：14.5　字数：242千字
版　　次：2019年5月第1版
印　　次：2019年5月第1次印刷
书　　号：ISBN 978-7-5484-3572-3
定　　价：32.00元

凡购本社图书发现印装错误，请与本社印制部联系调换。
服务热线：（0451）87900278

奖励为人类做出杰出贡献的人

　　回眸逝去的 20 世纪,人类经历了前所未有的苦痛与欣喜,两次世界大战的惨痛洗礼,国际政治局势的动荡不安,经济体制的变革转型,科学技术的日新月异……

　　百年间风云变幻,百年间英杰辈出,他们为人类的发展做出了杰出的贡献,而百年里人类英杰荟萃的名单,则非历届诺贝尔奖莫属。从 1901 年起到今天,诺贝尔奖已经走过了 100 多年的岁月,贯穿了整个 20 世纪,而长长的获奖名单,犹如一串璀璨的明珠,辉映着过去的百年时光。

　　走过百年的诺贝尔奖一直坚持一个宗旨:奖励为人类做出杰出贡献的人。凡是在科学、文学、和平方面为人类发展做出过杰出贡献的人,都有望问鼎这项含金量极高的大奖,"不分国籍、不分肤色、不问宗教信仰和政治信仰,一视同仁,唯一标准视其实际成就"。

　　年复一年,诺贝尔奖几乎已成为国际社会的最高奖项,成为对人类行为最荣耀的表彰,成为科学家、文学家、经济学家、社会活动家头顶最美丽最显赫的光环。

　　百年诺贝尔奖,自始至终体现着一种伟大的精神,那就是:科学无国界,贡献受表彰。

　　所谓科学,并不等于冰冷的数字和死板的公式,每一个科学新发现都是人类蹒跚前行过程中的一个脚印,同时也将对人类的发展产生重大影响。而在所有的科学发现中,只有那些有利于人类发展的才能名垂千古,只有那些为人类发展贡献心血智慧的科学家才能留名青史,彪炳千古。

　　伦琴发现 X 射线,不仅促进了物理领域里电子论的发展,而且泽被医学领域;居里夫妇发现镭,开始了人类研究放射性元素的历程;费米开启了原子时代的大门;桑格对胰岛素分子结构和 DNA 顺序的测定,使得生物化学向前迈出重大的一步……

　　而生理学与医学领域的发现一点儿也不比自然科学逊色:科赫对病原细菌的研究,帮助人类战胜炭疽热、霍乱、鼠疫、伤寒等传染病;艾克曼为治疗脚气病而发现了

维生素，无意中为人类身体健康带来了福音；兰茨泰纳发现人类血型的秘密，使得输血技术挽救了千千万万人的生命；弗莱明发现青霉素，在人类与疾病斗争的历史上写下光辉的一笔……

诺贝尔生前也是一位文学爱好者，在遗嘱中他规定把奖金授给"带有理想主义倾向的最杰出的著作"，表彰那些关注人类精神领域的优秀文学作品。泰戈尔的诗总能给人以光明和温暖，赛珍珠讴歌中国农民的勤劳与质朴，加缪用笔撕开人生荒诞的面具，川端康成在残酷现实中坚守着脉脉诗情……

诺贝尔一生最重要的发明与炸药有关，他本意是用炸药来帮助工业发展，没想到间接导致战争武器的升级，于是一个"奖给为促进民族团结友好、取消或裁减常备军队以及为和平会议的组织和宣传尽到最大努力或做出最大贡献的人"的奖项应运生。和平是当今世界的主旋律，也是诺贝尔奖的重要组成部分，德国总理勃兰特在波兰犹太人纪念碑前的一跪，安慰了二战中饱受摧残的犹太人的心灵；马丁·路德·金和曼德拉为了消除种族歧视献出了生命和青春；特里莎把所有的爱献给了贫穷无助的人……

从科学领域的重大发现，文学作品表现的主题，国际社会的和平呼声，到经济领域的合作，在其巨额奖金的背后是更崇高的科学和人文精神：对执着追求理想的赞赏，对世界和平的期盼与追求，对人类生命之谜及其发展的关注，对人性与文明的感叹。诺贝尔奖之所以成为至高无上的荣誉，不仅因为它代表着科学文明的最前沿，还源于它对人类自身的关注与帮助。

百年胜千载，诺贝尔奖的精神照耀着过去的一百多年，而对永恒的科学和人类文明的追求来说，为整个人类的发展而奋斗永远是最崇高的事业！

编者

2017 年 9 月

目录

第一章　诺贝尔和诺贝尔奖

孤独的巨人　诺贝尔 ················· 3

诺贝尔遗嘱 ······················· 7

诺贝尔奖机构 ····················· 9

诺贝尔奖金及评奖程序 ············· 13

影响我们生活的诺贝尔奖 ··········· 18

诺贝尔奖的花絮 ··················· 21

诺贝尔奖的瑕疵 ··················· 24

第二章　物理学奖

发现"世纪之光"　伦琴 ············· 29

才华与无私的结合才是科学的杠杆　居里夫人 ··· 33

20世纪最伟大的天才人物　爱因斯坦 ··· 37

永远的"哥本哈根精神"　玻尔 ······· 41

千秋功罪任评说　海森堡 ··········· 45

开启原子时代的大门　费米 ········· 49

首位获诺贝尔奖的中国人　李政道 ··· 54

电子显微镜先驱　恩斯特·鲁斯卡 ····· 58

引力波开启天文新时代　雷纳·韦斯 ··· 61

第三章　化学奖

送牛奶的化学家　范特荷甫 ········· 67

真金不怕火炼　阿伦尼乌斯 ········· 71

1

获得化学奖的物理学家　卢瑟福 …………………………… 75

很有名的化学家,很糊涂的哲学家　奥斯特瓦尔德 ………… 79

天才还是魔鬼　哈柏 …………………………………………… 83

不仅是一位杰出的科学家　鲍林 …………………………… 87

DNA 密码的破译者　桑格 …………………………………… 91

学术界"查无此人"的学渣　田中耕一 ……………………… 95

发明了世界上最小的机器人　费林加 ……………………… 98

第四章　生理学或医学奖

生理学之父　巴甫洛夫 ……………………………………… 103

病原细菌学的奠基人和开拓者　科赫 ……………………… 106

维生素的最早发现者　艾克曼 ……………………………… 110

揭开"血"的奥秘　兰茨泰纳 ………………………………… 114

现代遗传学的奠基人　摩尔根 ……………………………… 118

青霉素的发现者　弗莱明 …………………………………… 122

DNA 双螺旋结构的发现者　沃森、克里克 ………………… 126

改写疟疾史的中国女科学家　屠呦呦 ……………………… 130

"抗癌大神"　哈拉尔德·楚尔·豪森 ……………………… 133

第五章　文学奖

追求进步和光明　泰戈尔 …………………………………… 139

高尚的理想主义者　罗曼·罗兰 …………………………… 142

高超的幽默,尖锐的讽刺　萧伯纳 ………………………… 145

中国味道的美国小说家　赛珍珠 …………………………… 148

硬汉子精神　海明威 ………………………………………… 151

荒诞的哲学　加缪 …………………………………………… 155

冷酷现实里的诗情　川端康成 ……………………………… 159

美国黑人之音　托尼·莫里森 ……………………………… 163

讲故事的人　莫言 …………………………………………… 167

第六章　和平奖

死于暴力的非暴力崇尚者　马丁·路德·金 ……………… 173

总理的一跪　勃兰特 ·· 177

中美关系的先驱　基辛格 ·· 181

除了爱一无所有　特里莎修女 ······································· 185

南非的民族斗士　曼德拉 ·· 189

巴勒斯坦民族之魂　阿拉法特 ······································· 193

第七章　经济学奖

经济学最后一个通才　萨缪尔森 ···································· 199

普林斯顿的幽灵　纳什 ··· 203

理性预期学说的引路人　卢卡斯 ···································· 208

欧元之父　蒙代尔 ·· 212

获得经济学奖的心理学家　卡尼曼 ······························· 216

天才经济学家　让·梯若尔 ·· 220

诺贝尔和诺贝尔奖 第一章

从 1901 年到今天，诺贝尔奖已经走过了 100 多年的岁月，它的历史贯穿了整个 20 世纪。那长长的获奖名单，犹如一串璀璨的明珠，辉映着过去的百年时光。

年复一年，诺贝尔奖几乎已成为国际社会的最高奖项，成为对人类行为最荣耀的表彰，成为科学家、文学家、经济学家、社会活动家头顶最美丽最显赫的光环。

金钱这东西，只要能够解决个人的生活需要就够用了，若是多了，会成为遏制人才的祸害。有儿女的人，只要留给儿女教育费用就行了，如果给予除教育费用以外的多余的财产，那就是错误的，那就是鼓励懒惰，那会使下一代不能发展个人的独立生活能力和聪明才干。

——诺贝尔

在辉煌的科学家名册中，有这样一位伟大的科学家：他不仅把自己的毕生精力全部贡献给科学事业，而且把自己的遗产全部捐献给科学事业，用以奖励后人，激励他们向科学的高峰努力攀登。今天，以他的名字命名的科学奖，几乎已经成为举世瞩目的最高科学奖。他的名字和人类在科学探索中取得的成就一起，永远地留在

30 岁时的诺贝尔

了人类社会发展的文明史册上。这位伟大的科学家，就是赫赫有名的瑞典化学家阿尔弗雷德·诺贝尔。

1833年10月21日，诺贝尔出生在瑞典首都斯德哥尔摩，他的父亲是一位颇有才干的机械师、发明家，自己开了一家小工厂，但由于经营不善，工厂并不景气。诺贝尔的父亲倾心于化学研究，尤其喜欢研究炸药。受父亲的影响，诺贝尔从小就对炸药表现出浓厚的兴趣。勇敢的小诺贝尔经常和父亲一起研究炸药，他的童年，几乎是在轰隆轰隆的爆炸声中度过的。

由于身体不好，诺贝尔到了八岁才上学，但只读了一年书，这也是他受过的唯一的正规学校教育。在诺贝尔十岁那年，父亲做炸药实验时发生爆炸事故，不仅自家房屋财产化为灰烬，还遭到街坊邻居的抗议。他们一家在当地待不下去了，只好应俄国人的邀请举家远走他乡，到俄国圣彼得堡工作。

初到俄国，由于诺贝尔不懂俄语，无法进当地的学校学习，父亲请了一位家庭教师来辅导孩子们学习，就这样一直到诺贝尔16岁。学习之余，孩子们在父亲的实验工厂里，帮助父亲进行各种实验发明，从中学到了许多科学知识。诺贝尔表现出很高的科学天赋，他细心地观察和认真地思索，凡是他耳闻目睹的那些重要学问，都被他敏锐地吸收。

为了使他学到更多的东西，为了让他更深切地感受到科学研究对社会的作用和意义，1850年，父亲让诺贝尔出国考察学习，他先后去过德国、法国、意大利和美国。由于他善于观察、认真学习，知识迅速积累，很快成为一名精通多种语言的学者和有过科学训练的科学家。在工厂的实践训练中，他考察了许多生产流程，不仅掌握了许多的实用技术，还熟悉了工厂的生产和管理。

就这样，在历经了坎坷磨难之后，没有正式学历的诺贝尔，终于靠刻苦、持久的自学，逐步成长为一个科学家和发明家。

回国之后，诺贝尔在父亲和兄长的支持下，全力以赴地投入他所心爱的发明创造。仅仅两年多的时间，他就完成了三项发明：气体计量仪、液体计量仪和改良型的液体压力计，这三项发明都取得了专利。尽管这些发明不太重要，但是它们鼓舞了诺贝尔的信心，他决心以更大的热情投入新的发明创造。多年随父亲研究炸药的经历，也使他的兴趣很快从机械方面转到应用化学方面。

早在1847年，意大利的索布雷罗把硝酸、硫酸和甘油混合起来，发明了一种烈性炸药，叫硝化甘油。它的爆炸力是历史上任何炸药所不能比拟的。但是这种炸药极不安全，稍不留神，就会使操作人员粉身碎骨。许多人因意外的爆炸事件而血肉横飞,连完整的尸体也找不到,因此硝化甘油还停留在实验阶段,无法大批量生产。

诺贝尔父子对硝化甘油都非常感兴趣,决心对这种烈性炸药进行改造,使其能够运用到实际生产中。1862年夏天,他们开始了对硝化甘油的研究。这是一个充满危险和牺牲的艰苦历程,死亡的阴影时时刻刻笼罩在他们的头顶。硝化甘油是一种烈性液体炸药,说不定轻微震动就会引起爆炸,因此尽管非常小心,意外还是发生了。就在进行一次炸药实验时,突然发生了爆炸,实验室被炸得无影无踪,五个助手全部牺牲,包括诺贝尔最小的弟弟。

这次惊人的爆炸事故,使诺贝尔的父亲受到了十分沉重的打击,没有多久就去世了。邻居们出于恐惧,也纷纷向政府控告诺贝尔,为了安全考虑,政府禁止诺贝尔再在市区内进行实验。

困难吓不倒真的勇士,打击也不会让诺贝尔放弃科学实验,他把实验室搬到市郊湖中的一艘船上继续进行。经过反复的实验,他终于找到了一种非常容易引起爆炸的物质——雷酸汞,后来被称为雷管。用雷管做成炸药的引爆物,就成功地解决了炸药的引爆问题,雷管的发明是诺贝尔科学道路上的一次重大突破。

当时,正是欧洲工业革命的高潮期,开发矿山、挖掘河道、修建铁路及开凿隧道等建设项目,都因缺乏安全的烈性炸药而进展缓慢,硝化甘油炸药的问世如久旱逢甘霖,立刻受到了热烈的欢迎。诺贝尔在瑞典建成了世界上第一座硝化甘油工厂,随后又在国外建立了生产炸药的合资公司。

虽然硝化甘油进入了大规模生产阶段,但是,这种炸药依然存在着严重的安全隐患,如存放时间一长就会分解,强烈的震动也会引起爆炸。这样的事故在运输和贮藏的过程中时有发生,为此瑞典和其他国家的政府颁布许多禁令,禁止任何人运输诺贝尔发明的炸药,并明确提出要追究诺贝尔的法律责任。一连串的打击接踵而来,原本红火的炸药工厂立刻变得步履维艰,此时的诺贝尔没有被吓倒,他决心开发更加安全的炸药。

经过无数次的实验,诺贝尔终于找到了一种新型炸药的配方,这就是以硅藻土为掺和剂的"黄色炸药",这种炸药非常安全,在火烧和锤击下都不会轻易引爆。这下子人们对诺贝尔的炸药完全消除了疑虑,他的工厂再度获得了信誉,炸药工业迅猛发展起来。

诺贝尔一生的发明极多,获得的专利就有255种,其中炸药方面占了一半的数量。他的发明兴趣不仅限于炸药,作为发明家、科学家,他有着丰富的想象力和不屈不挠的毅力。

第一章　诺贝尔和诺贝尔奖

诺贝尔侧面像

诺贝尔终生未娶，把自己毕生的心血都献给了科学事业，大部分时间是在实验室中度过的。

长期紧张的工作，严重损害了他的健康，即使到了生命垂危之际，他仍念念不忘对新型炸药的研究。1896 年 12 月 10 日，这位大科学家、大发明家和实验家，由于心脏病突然发作而逝世。

诺贝尔是一位名副其实的亿万富翁。据统计，他的财产累计达 3100 万瑞典克朗，但是他一贯轻视金钱和财产，不顾其他人的劝阻和反对，在遗嘱中指定把他的大部分财产作为一笔基金，每年以其利息作为奖金，奖给那些在当年对人类做出贡献的人。为了纪念这位伟大的发明家，从 1901 年开始，每年在他去世的日子里，即 12 月 10 日颁发诺贝尔奖。

颁奖大厅

诺贝尔遗嘱

阿尔弗雷德·诺贝尔于1896年12月10日在意大利北部的圣雷莫市去世,身后留下了一份著名的遗嘱,这才有了最初的五项诺贝尔奖。遗嘱的全文如下:

我,签名人阿尔弗雷德·伯纳德·诺贝尔,经过郑重的考虑后特此宣布,下文是关于处理我死后所留下的财产的遗嘱:

30 岁时的诺贝尔

在此我要求遗嘱执行人以如下方式处置我可以兑换的剩余财产:将上述财产兑换成现金,然后进行安全可靠的投资;以这份资金成立一个基金会,将基金所产生的利息每年奖给在前一年中为人类做出杰出贡献的人。将此利息划分为五等份,分配如下:

一份奖给在物理界有最重大的发现或发明的人;

一份奖给在化学上有最重大的发现或改进的人;

一份奖给在生理学或医学界有最重大的发现的人;

一份奖给在文学界创作出具有理想主义倾向的最佳作品的人；

最后一份奖给为促进民族团结友好、取消或裁减常备军队以及为和平会议的组织和宣传尽到最大努力或做出最大贡献的人。

物理奖和化学奖由斯德哥尔摩瑞典皇家科学院颁发；生理学或医学奖由斯德哥尔摩卡罗林斯卡医学院颁发；文学奖由瑞典文学院颁发；和平奖由挪威议会选举产生的五人委员会颁发。

对于获奖候选人的国籍不予任何考虑，也就是说，不管他或她是不是斯堪的纳维亚人，谁最符合条件谁就应该获得奖金，我在此声明，这样授予奖金是我的迫切愿望……

这是我唯一有效的遗嘱。在我死后，以前任何有关财产处置的遗嘱，一概作废。

他指定了两个瑞典人执行他的遗嘱：瑞典企业家鲁道夫·里尔雅克斯特和拉格纳·索尔曼。后者是诺贝尔在其生命的最后三年所选中的私人助理。

遗嘱执行人首先受到来自诺贝尔亲属和社会舆论的刁难。诺贝尔的亲属散居在俄国、瑞典和法国，诺贝尔生前与他们共同经营过许多企业，一道从事过许多科学实验。他的亲属对这份遗嘱感到非常气愤，他们终于联合起来打算推翻或否定诺贝尔的最后一份遗嘱，从而瓜分这笔庞大的遗产。

遗嘱执行得到了瑞典国王、瑞典政府以及社会进步舆论的支持。国王召见诺贝尔亲属中最有影响的人物——爱默纽尔。国王规劝爱默纽尔说服自己的亲属尊重其叔父崇高的遗嘱。爱默纽尔只好表示接受国王的意见，并保证说："我不会使我的亲属将来受到杰出的科学家的指责，因为相应的基金本来应该是属于后者的。"

卡尔斯柯加县法院于 1898 年 5 月 29 日和 6 月 5 日分别收到诺贝尔亲属的两份通知，他们以自己及其后裔的名义，宣布今后不再提出对遗产的任何要求，也放弃对今后成立的诺贝尔基金会的任何要求。

诺贝尔奖颁奖地点

瑞典王国政府在 1898 年 5 月 21 日即指示总检察长进行各项法律部署，宣布将以国家和人民的名义使诺贝尔的遗嘱生效；同时要求瑞典皇家科学院、研究院、卡罗林斯卡医学院采取相应措施与总检察长合作，共同处理今后的事宜。

诺贝尔在 1895 年 11 月 27 日,也就是在他去世前一年,在巴黎签署了一份重要的遗嘱。根据这份遗嘱产生了影响巨大的诺贝尔奖,诺贝尔基金会就是运作诺贝尔奖的主要机构。诺贝尔的遗嘱表达了他想用自己的遗产奖励后人的愿望,但具体如何操作,如何管理这个基金会和制定奖金颁发机构的章程,则是由瑞典国王于 1900 年 6 月

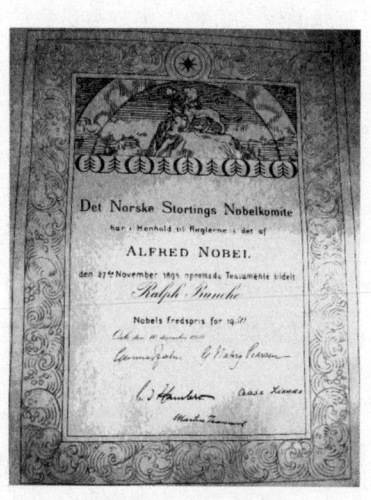

1895 年 11 月 27 日
诺贝尔签署遗嘱设立诺贝尔奖

29 日在议会颁布的。也就是说,诺贝尔基金会正式运作,已经是在诺贝尔死后大约三年半的时候,而第一次颁奖,则被推到了 1901 年。

　　根据管理章程,共有四个主要机构来运作诺贝尔奖的各项事宜:

　　1. 诺贝尔基金会及其理事会和董事会;

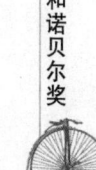

2. 四个奖金颁发机构:瑞典皇家科学院、卡罗林斯卡医学院、瑞典文学院和挪威议会的诺贝尔委员会;

3. 五个诺贝尔委员会,分别负责每项奖金事务(其中包括上面提到的挪威议会的那个委员会,它本身就是一个奖金颁发机构);

4. 四个诺贝尔学会,分别对每家奖金颁发机构负责。

经过几年的运行和调整,诺贝尔奖的各个机构职责逐渐明晰,慢慢形成了一套稳定的运作模式,更有效地体现诺贝尔奖的精神。

诺贝尔委员会

四个颁奖机构产生五个诺贝尔委员会,其中挪威议会下属的诺贝尔委员会身兼两职,既是颁奖机构,也是评选机构。诺贝尔委员会是评奖的主要机构,每个委员会各有三至五名委员,委员一般由所属的颁奖机构指定。委员会的职能主要对应相关颁奖机构,进行筹备工作和提供咨询意见,比如说召集专家参加评议和推荐工作。在特殊情况下,委员会甚至可以增选临时委员,临时委员也有权参与表决。

奥斯陆的诺贝尔和平中心

诺贝尔委员会的委员和专家们,可以从超出奖金颁发机构本身的范围去挑选,而且不分国籍。

诺贝尔学会

诺贝尔学会也是一个非常重要的机构,它分别由每个奖金颁发机构建立,其主要职能是对奖金的执行过程进行必要的调查,还有一项重要职能是以各种方式推行基金会的宗旨。

诺贝尔学会各分支学会及成立年份如下:

瑞典皇家科学院诺贝尔学会(1905),下设物理学部(1937)和化学部(1944)。

卡罗林斯卡医学院诺贝尔学会,下设生物化学学部(1937)、生理神经学学部(1945)和细胞研究与遗传学学部(1945)。

瑞典文学院诺贝尔学会,下设诺贝尔现代文学图书馆(1901)。

挪威诺贝尔学会,下设一座收藏关于和平与国际关系方面书籍的图书馆(1902)。

诺贝尔学会的负责人和职员,由奖金颁发机构讨论任命。这些任命均不分国籍。

诺贝尔基金会

诺贝尔基金会是诺贝尔奖最重要的机构，下设理事会和董事会。

理事会由十五名成员组成，是由各奖金颁发机构挑选，每个机构选择三名。理事会的主要任务是审阅董事会的年度报告及审计员们的财务报告，并对董事会当年的工作进行审核批准。

董事会的正、副董事长是由瑞典政府任命的，另外五名董事和三名副董事则由理事会的理事们选举产生。董事会的主要任务是管理基金和基金会的其他财产。

执行主任是基金会的行政负责人，是从董事会的成员中选举出来的。他负责起草基金会投资政策的基本方向，就投资和人事等问题向董事会提出建议，以及管理基金会的各种财产，另外还负责在斯德哥尔摩举行的隆重授奖仪式的安排工作。

在几任执行主任中，最出色的要数拉格纳·索尔曼了，他是诺贝尔的生前好友与合作者，也是诺贝尔遗嘱的执行人之一。索尔曼是诺贝尔奖的元老，从基金会的成立，到他1948年去世，他在基金会里担任过不同的职务。在工作中，他兢兢业业、自始至终贯彻执行诺贝尔的精神。诺贝尔奖之所以有如此高的声誉，在很大程度上，与他在执行这项遗嘱时所具有的严肃热情以及忘我的奉献精神是密不可分的。随着他的去世，诺贝尔与诺贝尔奖联系的最后一条纽带也中断了，但诺贝尔的精神却被忠实地贯彻下来了。

1926年，诺贝尔基金会在斯德哥尔摩有了自己的办公大楼，这幢座落在斯图尔街14号的大厦以捐献者的名字命名。

从诺贝尔的遗产接收过来的钱，总共有3100多万瑞典克朗。章程规定，将这笔钱的大部分用做"主要基金"（即奖金基金，约2800万瑞典克朗），剩下的一小部分，用来设立"建筑物基金"（行政大楼和每年举行授奖仪式使用的大厅租金）和"组织基金"，五项奖金部门各有一份"组织基金"，用来支付各自的

诺贝尔基金会办公大楼

诺贝尔学会的组织费用。

主要基金的增长，是通过每年将它在当年所获净收入的十分之一作为附加资金，通过无法分配的奖金的利息，以及通过把这些无法分配的奖金的全部或部分（不低于三分之一），交付主要基金作为资本而取得的。每年将主要基金得到的净收入，扣除前面所提到的十分之一，然后平均分成五份，交给各奖金颁发机构使用。各奖金

第一章　诺贝尔和诺贝尔奖

颁发机构，都将自己摊到的那份金额的四分之一，留下作为有关奖金颁发事宜的费用，其余部分则交给各自的诺贝尔学会，每份金额的四分之三，构成奖金的款项。

除组织基金之外，颁发各项奖金的部门还有由自己支配的"特别基金"和"储蓄基金"，作为规定范围之内某些特殊目的的费用。

一切基金和其他财产，均属于诺贝尔基金会，并由它来进行管理。

从1946年起，基金会的财产和由此而来的收入，除地方不动产税外，其他税款均被免除。在这之前，交出的税款总共达1350万瑞典克朗。据了解，奖金获得者的所在国家，或者在法律上，或者在事实上，也对奖金免收所得税。

获奖者接过证书

基金会的投资政策，很自然地要根据把保持和增加它的基金，从而增加奖金的金额，作为头等重要的因素来制定。遗嘱本身曾指示执行人把剩余的财产投资到"安全的证券"方面，从而形成诺贝尔基金。由两次世界大战及其在经济和金融方面所引起的变化，"安全的证券"这个提法，需要根据现有的经济条件和趋势，而重新加以解释。因此，在基金董事会的要求下，原来对投资的限制，已经逐渐放宽。

根据这种情况，自1958年以来，基金会原则上可以不仅在证券和有担保的贷款方面投资，而且也可以自由地在不动产或股票方面投资。

为了保险起见，在外国股票投资方面，基金会非常谨慎，对投资的限制也仍然存在。基金会主要是在瑞典和挪威投资它的资本，也在别的国家进行投资。

诺贝尔的遗嘱确定了评判奖金的基本原则。遗嘱的执行人、奖金颁发机构的代表和诺贝尔家族的代表，共同为奖金颁发制定了必要的指令。如前所述，这些指令包含在诺贝尔基金会的章程以及各种奖金颁发机构的特别规则里；根据指令，所有这些章程和规则，都是从 1900 年生效的（后来有些改动），并且根据有关这项遗嘱的纠纷所达成的一项协议，它们都通过了瑞典政府的批准。

按照遗嘱的规定，奖金将授给那些在前一年里给予人类最大利益的人；不分国籍，只看功绩。在文学方面，诺贝尔曾规定把奖金授给创作出"具有理想主义倾向的最佳作品"的人。

根据实施指令，"前一年"这三个字，不一定局限于在那个时间之内所做出的成就，也可以包括那些其重要性直到一年前还没有显露出来的成就。另外一个评判条件是，该项成就应该是已经发表出来的。

将文学限制于带有理想主义倾向的著作的这条规定，曾使颁发这项奖金的瑞典文学院，经常处于为难状态，并且引起了很多批评性的争论。开始的时候，这条规定被狭义地按字义进行了解释，其结果是，世界文坛很多名将落选。"具有理想主义倾向的最佳作品"这个概念，后来逐渐有了改变，现在的那种广义解释，更多的是以其精神而不是以其文学内容为基础。

每年,不同的委员会向世界各地的数千名科学家、科学院院士和大学教授分别发出邀请,请他们提名本年度的诺贝尔奖候选人。诺贝尔基金会在挑选那些有资格参加候选人提名的人时,遵循的一个原则就是:让尽量多的国家和大学参与。任何对诺贝尔奖的毛遂自荐,都要被作为取消资格的一个理由,在各授奖系统中都是这样做的。

提名必须在本年2月1日之前提交到不同奖项各自的授奖机构下属的诺贝尔委员会。

各委员会在特殊提名专家的协助下对收到的提名进行评估。委员会完成对候选人的挑选、将建议上交给颁奖机构后,颁奖机构通过投票选出最终获奖者。

每年10月投票结束后,获奖者名单立即被公布。

各奖金颁发机构的规则略有差异,但在提名权属于个人而不属于科学院或其他机构这一点上,却是共同的。这是为了避免引起公开的讨论和投票可能给那些潜在的获奖候选人造成不必要的难堪。

物理学奖和化学奖

下列人员有权推荐获奖人:

1. 瑞典皇家科学院的本国或外国院士;

2. 诺贝尔物理和化学委员会的委员;

3. 曾被授予诺贝尔物理学奖或化学奖的科学家;

4. 在乌普萨拉大学、隆德大学、奥斯陆大学、哥本哈根大学、赫尔辛基大学、卡罗林斯卡医学院和皇家技术学院永久或临时任职的物理学和化学教授,以及在斯德哥尔摩大学有永久性职务的这两种学科的教员;

5. 根据使各国和它们的学术中心能够得到相宜名额的考虑,由皇家科学院选择至少六所大学或具有同等水平的学院中,担任同类职务的人员;

6. 瑞典皇家科学院认为可能合乎邀请目的的其他科学家。

生理学或医学奖

下列人员有权提名获奖候选人:

1. 卡罗林斯卡医学院教学机构的成员;

2. 瑞典皇家科学院医学部院士;

3. 以前的诺贝尔医学奖获得者;

4. 乌普萨拉大学、隆德大学、奥斯陆大学、哥本哈根大学和赫尔辛基大学医学系的系务成员;

5. 由授奖单位根据使各国和它们的学术中心能够得到相宜名额的考虑,至少选择六个成员;

6. 授奖单位认为可能合乎邀请目的的其他科学家。

文学奖

享有获奖候选人推荐权的人员为:

1. 瑞典皇家科学院和其他在体制与目的方面与它相似的科学院、研究所和学会的成员;

2. 大学和大学学院的文学和语言学教授;

3. 以前得过诺贝尔文学奖的人;

4. 在本国文学创作界有代表性的那些作家协会的主席。

和平奖

下列人员有权提名授予诺贝尔和平奖的候选人:

1. 挪威诺贝尔委员会的现任或前任委员,以及挪威诺贝尔学会所任命的顾问;

2. 各国全国议会的议员和政府成员,以及议会联盟的成员;

3. 在海牙的国际法院的成员;

4. 世界和平理事会常务理事会的成员;

5. 国际权利协会的成员和联系成员;

6. 大学的政治学、法学、历史学和哲学教授;

7. 获得过诺贝尔和平奖的人。

1950 年和平奖获得者演讲

征求推荐候选人的邀请书,在颁奖前一年的秋天发出去。推荐的名单,必须于颁奖那一年的2 月 1 日前返回颁奖机构的诺贝尔委员会。如果把推荐的名单送到了诺贝尔基金会的话,它们将被转交到相对应的诺贝尔委员会那里。2 月 1 日之后,各诺贝尔委员会立即开始对所收到的提名进行初步的筛选。推荐的名单及他们所代表的国家的数量,除和平奖之外,都有不断增加的趋势。

经过对被推荐的那些人的成就进行艰苦、细致的权衡,最后阶段的评判工作,便集中到少数候选人身上。在 9 月到 10 月期间,各委员会推荐的名单,要提交到各自的颁奖机构。只在很少见的情况下,还出现一些遗留问题。各颁奖机构最后做出决定的日子不同,但在 11 月 15 日前,各项决定必须做出来。通常情况下,颁奖机构会

同意委员会的推荐,但例外的情况也并不是没有的,因此,获奖人在名单公布之前还可能有变动。奖一般只颁给个人,但和平奖例外,它也可以颁给一个机构。对于这种奖,通常不许上诉反对。外交或政治方面对某位候选人的官方支持,对于颁奖不起作用,因为颁奖机构在履行职责方面,是完全独立于国家之外的。

瑞典王后和获奖者

一份奖金,可能以几种方式分配:

1. 完全给一个人;

2. 由共同做出一项成就的两个或更多的人一起均摊;

3. 平均分配给两项成就:或者是每人一半;或者是有一个人摊一半,而另一半则由两名或更多的人共同分摊;或者是每一半都由两名或更多的人分摊。

然而,在上述第二、三种方式中,实际上还从来没有出现一份奖金被三人以上分享的情况。

一份奖金,也可以留到第二年再发,或者根本不发,但要把它交回基金会。因此,每个颁奖机构都可以在同一年内颁发两份奖金,那就是上一年留下未发的奖金和当年该发的奖金。

如果有人拒绝接受诺贝尔奖奖金,或者在第二年的 10 月 1 日前,还没有领他所获得的奖金,那么,按照已经说过的办法,奖金将被交回基金会,并将在奖金获得者名单上予以注明。

假如有人因受到外部的强迫或压力而拒绝接受奖金,但后来又愿意接受奖金,在这种情况下,他只能得到金质奖章和奖状,而不能领取奖金,因为这份奖金已经退还给基金会了。

　　每年 12 月 10 日诺贝尔逝世周年纪念日,在斯德哥尔摩和奥斯陆举行隆重的颁奖仪式。作为惯例,获奖者要亲自出席这个仪式,以便领取他们的奖品,其中包括奖金、金质奖章和奖状。同时,获奖者通常要履行唯一的义务,即在颁奖仪式后的半年内,要做一次"诺贝尔报告"。

影
响
我
们
生
活
的

1901 年 德国著名物理学家伦琴有幸成为第一位物理学奖获得者。1895 年 11 月,伦琴在用阴极射线管做实验时,发现阴极射线中有一种穿透力很强的未知射线。这种射线能穿透 1000 页的书本,3 厘米厚的木板或 15 毫米厚的铝板。为了写出实验报告,伦琴还拍下了一张用这种射线照射他夫人手骨的照片。伦琴把它命名为 X 射线。虽然伦琴对 X 射线的物理性质还一无所知,但他却马上认识到了它的医疗应用价值,立即发表了有关 X 射线的实验报告。

1901 年 德国细菌学家和免疫学家冯·贝林,当年获生理学或医学奖的主要成就,是他在 1892 年首次用他所研制的白喉抗毒素血清成功地治愈了一位白喉病患儿,从而拉开了人类在 20 世纪征服一系列疑难病症的序幕。

1906 年 英国物理学家汤姆孙在 1897 年发现电子。电子的发现,不但直接打开了原子物理学的大门,还展现了电子技术的曙光。因此,汤姆孙以这一发现获得了 1906 年的诺贝尔物理学奖。

1923 年 糖尿病也是严重威胁人类健康的顽症。1922 年,英国生物化学家麦克劳德和加拿大医学家班丁,共同发表了用胰岛素治疗糖尿病的论文。这一消息立即在西方医学界引起巨大轰动。在此之前,他们两人都已做过一系列实验,他们所提取的胰岛素在控制糖尿病方面取得成功。这样,他们两人也就共同获得了 1923 年的诺贝尔生理学或医学奖。

1924 年 心电图原理是荷兰生理学家爱因托芬发现的。当年,他以他研制的那种最初的心电图描记仪记录下了第一张病人的心电图。前后经过 20 年的不懈努力,终于使心电图描记仪可以成功用于临床诊断。爱因托芬也因此在 1924 年获得诺贝尔生理学或医学奖。

1930 年 血型分类和鉴别是外科手术的生理学基础。19 世纪末,输血已被用于产妇生产和其他外科手术中。但是,由于当时对血型缺乏认识,常常出现医疗事故。1900 年,奥地利病理学家兰茨泰纳开始进行人类血型分类及输血的生理学研究,在当年发现了人体的 A、B、O、AB 血型。他还发现,A、B、O、AB 血型之间有一定的供受关系。兰茨泰纳的这一发现,为外科手术提供了输血和受血的生理学基础。由于他对血型分类所做的贡献,特别是对四种血型的供受关系的发现,他被授予 1930 年的诺贝尔生理学或医学奖。

1939 年 1935 年,多马克发表了磺胺类药物的实验报告,随后大量磺胺类药物如雨后春笋般涌现,磺胺类药物从此成为链球菌感染的各类疾病的克星。1939 年,多马克被提名授予诺贝尔生理学或医学奖,就在多马克表示即将前往瑞典领奖时,希特勒的盖世太保却逮捕了他。这样直到第二次世界大战结束之后,多马克才前往斯德哥尔摩领奖。

1945 年 1928 年英国细菌学家弗莱明发现青霉素。十年之后,牛津大学的病理学家弗洛里和德国生物化学家钱恩等人合作进行青霉素的开发研究,经过两年多的努力,他们终于在 1940 年成功研制最初的青霉素制品。动物实验证明,青霉素对葡萄球菌感染的疾病疗效显著,随后青霉素投入临床使用并获得成功,终于在 1943 年实现工业化生产。1945 年,诺贝尔基金会把当年的生理学或医学奖授给了发现青霉素的三位元勋:弗莱明、弗洛里和钱恩,以表彰他们三人作为生命卫士所取得的伟大功勋。

1956 年 美国物理学家巴丁在 1956 年与肖克利和布拉顿共同获得当年的物理学奖,因为他们三人共同发明了晶体管并由此奠定了半导体物理学的基础。

1964 年 霍奇金在 1956 年精确地测定了维生素 B_{12} 的分子结构。从而实现了维生素 B_{12} 的人工合成。维生素 B_{12} 是抗恶性贫血的有效药物。由于霍奇金的这两项成果意义重大,影响深远,她也就摘取了 1964 年的诺贝尔化学奖桂冠,并因此成为诺贝尔奖台上几位耀眼的巾帼之星之一。

1968 年 瑞典银行在 1968 年决定捐款设立诺贝尔经济学奖。除每年的奖金由瑞典银行提供之外,奖金数额、评奖规则和评奖程序均与诺贝尔奖的其他奖项相同。在经过一年筹备之后,瑞典皇家科学院在 1969 年 12 月 10 日隆重举行首届诺贝尔经济学奖颁奖仪式。挪威经济学家弗里希和荷兰经济学家丁伯根率先获奖。

1979 年 CT 扫描仪的发明,可以说是人类的仪器诊断技术发展所取得的最重大的技术进步。1955 年美国物理学家科马克提出了一个初步的工作原理和主要的设计框架。这也就是现在所说的 CT 扫描仪的最初设计蓝图。英国的电子工程师豪斯菲尔德开始以科马克的设计为基础进行研制。此后经过十余年的努力,他终于研制出了第一台 CT 扫描仪。科马克和豪斯菲尔德因此共同荣获 1979 年的诺贝尔生理学或医学奖。

1990 年 从 20 世纪 60 年代初开始,美国医学家托马斯不懈地探索以骨髓移植治疗白血病的方法,从而在以外科移植手术征服这一顽症的道路上迈出了决定性的一步。托马斯因此与美国肾脏移植手术的创始人默里共同获得 1990 年的诺贝尔生理学或医学奖。

1990 年默里获得生理学或医学奖

诺贝尔遗产有多少钱

诺贝尔到底有多少资产,这是诺贝尔自己也不十分清楚的问题。按照诺贝尔的遗嘱,要把他的全部资产变成现金,这本身就是一项牵涉到多国经济和法律的巨大工程。

索尔曼等人经数年在多国之间来回奔波,终于在 1900 年对诺贝尔遗产的整理有了一个初步的轮廓。

在变换现金过程中,诺贝尔的资产被大打折扣,但是遗产变换为现金的总额仍有约 3100 万瑞典克朗,约为 920 万美元。不仅在当时,就是在现在,这都是一笔巨额遗产。

按章程规定,获奖者除了可以获得当年颁发的那份数额可观的奖金之外,还可以获得一枚金质奖章和一份获奖证书。诺贝尔基金会的主要基金每年是变化的,其基金所得纯收入也就每年有所不同,因此每年的每项奖金数额也就各不相同。例如,1901 年第一次颁奖时,每项奖金的数额约为 15 万瑞典克朗,约合 4.2 万美元。此后,由于在债券、股票、房地产等方面的投资获利,诺贝尔基金不断增值,其奖金额也在逐年增长。20 世纪 80 年代之后,每项奖金的数额为 100 多万瑞典克朗。到了 90 年代,每项奖金数额又有较大增长。例如,1996 年的每项奖金已增加到 740 万瑞典克朗,当年的这一数额约合 112 万美元。

两次获诺贝尔奖的人

从某种意义上讲,一个人一生能获一次诺贝尔奖就可谓功成名就,不虚度此生了。能两次获得诺贝尔奖的人不说绝无仅有,也可谓真正意义上的凤毛麟角。这样的"凤毛麟角"全世界只有数得出的几位:

1996 年诺贝尔化学奖获得者
和他的碳元素新结构

法国女物理学家、化学家居里夫人,因发现放射性物质和发现并提炼出镭和钋荣获 1903 年诺贝尔物理学奖和 1911 年的诺贝尔化学奖。

美国物理学家巴丁因发明世界上第一支晶体管和提出超导微观理论而获得 1956 年和 1972 年诺贝尔物理学奖。

美国化学家鲍林因为将量子力学应用于化学领域并阐明了化学键的本质,致力于核武器的国际控制并发起反对核实验运动而荣获 1954 年的诺贝尔化学奖和 1962 年的诺贝尔和平奖。

英国生物化学家桑格由于发现胰岛素分子结构和确定核酸的碱基排列顺序及结构而获得 1958 年和 1980 年的诺贝尔化学奖。

获诺贝尔奖的夫妇

获 1903 年诺贝尔物理学奖的法国科学家比埃尔·居里和玛丽·居里夫妇。

获 1935 年诺贝尔化学奖的法国科学家约里奥·居里夫妇。

获 1947 年诺贝尔生理学或医学奖的科里夫妇。

获诺贝尔奖的父子

共同荣获 1915 年诺贝尔物理学奖的布拉格父子。

分别荣获 1906 年和 1937 年诺贝尔物理学奖的汤姆孙父子。

分别荣获 1929 年诺贝尔化学奖和 1970 年诺贝尔生理学或医学奖的欧拉父子。

分别荣获 1922 年和 1975 年诺贝尔物理学奖的玻尔父子。

分别荣获 1924 年和 1981 年诺贝尔物理学奖的塞格巴恩父子。

获诺贝尔奖的华裔科学家(部分)

荣获 1957 年诺贝尔物理学奖的杨振宁、李政道。

荣获 1976 年诺贝尔物理学奖的丁肇中。

荣获 1986 年诺贝尔化学奖的李远哲。

荣获 1997 年诺贝尔物理学奖的朱棣文。

荣获 1998 年诺贝尔物理学奖的崔琦。

诺贝尔奖女性获得者(部分)

玛丽·居里:1903 年、1911 年分别获诺贝尔物理学奖、诺贝尔化学奖。

伊伦·约里奥·居里:1935 年获诺贝尔化学奖。

科里:1947 年获诺贝尔生理学或医学奖。

迈耶夫人:1963 年获诺贝尔物理学奖。

霍奇金:1964 年获诺贝尔化学奖。

耶洛:1977 年获诺贝尔生理学或医学奖。

麦克林托克:1983 年获诺贝尔生理学或医学奖。

勒维-蒙太希尼:1986 年获诺贝尔生理学或医学奖。

伊莱昂:1988 年获诺贝尔生理学或医学奖。

尼斯莱因·福尔哈德:1995 年获诺贝尔生理学或医学奖。

诺
贝
尔
奖
的
瑕
疵

24

选错了奖励依据的诺贝尔奖

爱因斯坦发现光电效应

在物理学界,许多物理学家认为光电效应的科学意义无法和相对论相提并论。但有趣的是,诺贝尔奖委员会决定:因为爱因斯坦发现了光电效应,所以把1921年度的物理学奖授予他。因此,物理学家们认为,如果光电效应能够获奖,那么相对论就更加当之无愧了。所以,物理学家们都诙谐地说,不是爱因斯坦不够格,而是诺贝尔奖委员会选错了奖励依据。

费米证明中子轰击产生新的放射性元素

费米是20世纪杰出的科学家,在很多领域都做出了贡献。1938年,诺贝尔奖委员会授予费米诺贝尔奖,理由是奖励他成功证明中子轰击能够产生新的放射性元素。但是这一决定却引发了争论,其焦点不在于费米是否该得奖,而在于选择哪项成果作为授奖依据。把新元素研究和原子核反应研究一起当作费米获奖的依据,显然不妥。对此,费米本人也颇有微词。这一争论也被载入史册。

科赫治疗结核病

德国内科医生科赫可以说是世界上最伟大的医生之一,特别是在治疗传染病方面确实功勋卓著:1876年到1898年期间,他先后找到了炭疽病的病因,发现了结核病菌,确认了霍乱病菌;他在南非战胜了口蹄疫,并于1898年赴意大利考察儿童疟疾等。1905年,诺贝尔奖委员会授予他诺贝尔生理学或医学奖。但是对于选择结核病的研究成果授奖,许多人表示出异议。人们认为,作为科学家,科赫的贡献不仅是治疗结核病等传染病,更重要的是他确立了现代细菌学的研究方法。他创立的确认病菌的方法和确定病因的原则比结核病研究重要得多。因此,科赫获得诺贝尔奖是无可厚非的,但是选择结核病研究作为获奖的依据却有失偏颇。

无缘诺贝尔奖的大家

伟大的俄国科学家门捷列夫发现了元素的周期排列规律,从此以后,世界上所有科学课堂都讲授这个内容,这是一项极其伟大的科学发现。可是,诺贝尔奖在门捷列夫发现元素周期32年之后才产生。所幸的是,1905年门捷列夫被提名为诺贝尔奖的候选人,1906年以一票之差与诺贝尔奖失之交臂。1907年,门捷列夫与世长辞,给诺贝尔奖留下无法弥补的遗憾。

生物学家阿维利证实DNA是遗传物质,奠定了现代生物学的基础,是20世纪生物科学的重大发现。在此之后,发现DNA分子双螺旋模型的科学家获得了诺贝尔奖,阐述DNA生物合成机理的科学家获得了诺贝尔奖,发明DNA复制技术的科学家也获得了诺贝尔奖。可是,DNA的发现者阿维利却始终没有获得诺贝尔奖。因为阿维利的发现是在他67岁时完成的,时间不等人,当诺贝尔奖委员会认识到他的发现之伟大时,他早已离开人世了。

20世纪未获诺贝尔奖的四大科学发现

诺贝尔在遗嘱中要求诺贝尔奖只用于奖励那些在物理学、化学、生理学或医学、文学及和平事业中"对人类做出最大贡献的人",再加上诺贝尔奖评选委员会存在许多不合理的评选规则,使得20世纪的一些重大发现无法得到"青睐"。

相对论

在20世纪的头20年里,由于爱因斯坦提出相对论,几十名著名科学家一致提名他为诺贝尔物理学奖候选人,这种盛况在诺贝尔奖历史上是极少见的。但是,当时身为诺贝尔奖评选委员会成员、1911年诺贝尔生理学或医学奖得主古尔斯特兰德却固执地认为,相对论应接受时间的考验。这一愚蠢的决定致使爱因斯坦连年落选,好不

容易在 1921 年获奖,依据却是发现了光电效应。

哈勃定律

以前,人们对宇宙的认识还是很有限的。直到 20 世纪二三十年代,美国天文学家埃德温·哈勃提出了一项震惊世界的"哈勃定律":在无垠的宇宙中,银河系只是其中一个很小的部分,在银河系之外还有其他大量星系存在。在此基础上,他根据光谱分析认为,遥远的星系并非不可认识,它们会在光谱中产生显著的"红移"现象,"红移"最快的星系就是离我们最远的星系。哈勃定律清晰地提供了一种估计宇宙年龄的手段。按理说提出如此伟大理论的杰出科学家获奖是当之无愧的,但是当时的诺贝尔物理学奖评委非常迂腐,他们固执地认为:按照诺贝尔的遗嘱,天体物理学的发现不在评奖范围内。这一墨守成规的做法使得伟大的天体物理学家哈勃失去了获奖机会。

大陆漂移理论

地球物理学家魏格纳在 1915 年提出大陆漂移的理论时,可谓是一石激起千层浪,人们对他的大胆理论感到好奇,保守的科学家对其理论进行嘲笑,他们认为"大陆漂移说"实在是匪夷所思,荒诞不经。魏格纳不为所动,继续进行探险考察,希望收集到更多的证据来证明自己的理论。但是不幸的事发生了,1930 年魏格纳在科学考察中遇难身亡。但是,真理的脚步并未因此停歇,受魏格纳启发,一些科学家追随其后,继续研究大陆漂移理论,并不断进行完善。20 年后,人们得到的所有证据表明大陆漂移理论无可辩驳的正确性,但魏格纳却再也没有机会走上诺贝尔奖的领奖台了。

"意识与无意识"理论

1929 年,著名的心理学家弗洛伊德在《释梦》中对"意识和无意识及其对行为影响的理论"做了深刻而生动的描述,在全世界引起了巨大的反响。弗洛伊德自己也颇为自得,他一直认为,十年后诺贝尔奖委员会会打电话通知他前去领奖。但是在诺贝尔活着的时代,心理学还仅仅处在早期发展阶段,受到正统科学的排斥,因此心理学理论一开始就没有被列入评奖范围,研究心理学的人也不在诺贝尔奖的考察范围之内。所以,弗洛伊德一直等到离开人世的那天,也没能接到诺贝尔奖委员会的电话。

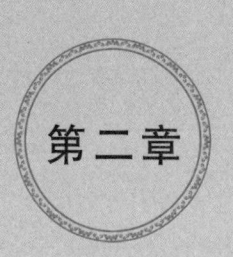

物理学奖

第二章

在古老的希腊文中，『物理学』的原意是『自然』，而在古老的欧洲，物理学是各种自然科学的总称。物理原理的发现，物理定律的阐释，物理学的任何一项发展，都可以为其他学科指明方向。同样地，任何科学技术的发展也都依赖于物理学的进步。

20世纪以来，自然科学出现了向宏观宇宙和微观原子两个方向发展的大趋势，从爱因斯坦开始，一代代科学家为之不停地努力探索。

伦琴 发现『世纪之光』

了解您的创作个性特点的人将会懂得，您正是一位摆脱了一切成见的、把完善的实验艺术同最高的科学诚意和注意力结合起来的研究者，应当得到做出这一伟大发现的幸福。

——伯林科学院致伦琴的贺词

威廉·康拉德·伦琴（1845—1923），德国物理学家，X 射线的发现者，第一届诺贝尔物理学奖的获得者。

伦琴在科学上最大的成就是于 1895 年发现了 X 射线，并对其性质进行了深入的研究，从而为多个科学领域提供了一种行之有效的分析手段。X 射线的发

伦琴

现动摇了原子论学说，为电子论的创立提供了有力的实验依据。他就是因此而被授予首届诺贝尔物理学奖。由于该奖是 20 世纪第一届诺贝尔物理学奖，而且 X 射线的发现是在 19 世纪末，给 20

第二章 物理学奖

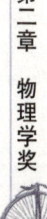

世纪的物理学及相应科学技术的发展带来了极大的推动,所以,X 射线又被不少科学家誉为"世纪之光"。

伦琴是一位典型的个体研究者,总是在不需助手的情况下独立进行实验。当然这并不说明他不善于合作,而只是为了避免其他干扰,便于自己进行独立的思考,随时调整自己的研究方案。

1895 年 11 月 8 日傍晚,伦琴在符兹堡大学的实验室做着一项关于阴极射线的实验(阴极射线实验是在抽空的电子管中,由阴极发出的电子在电场加速下形成电子流)。这原本是一项比较常规的实验,可是在实验过程中,他忽然发现了一个有趣的现象:在他实验设备附近的一个板凳上有一道射出的绿光,这绿光不是正常实验情况下出现的东西,那么到底是什么呢? 经过仔细检查,伦琴发现板凳上放着一块硬纸板,这是他做其他实验时用到的东西,硬纸板上涂了一种叫作氰亚铂酸钡的荧光材料。

大家都知道,阴极射线只有一英寸的射程,可是这绿光能够被肉眼看见,绿光显然不是阴极射线。伦琴感到机会来了,这种光线在以前的文献中从来没有人提到过,那么很有可能是一种新的东西,能够发现新光线是多么令人兴奋的一件事情,在强烈的兴奋支持下,伦琴分析了绿光的产生过程,因为阴极管只能发出射程较短的阴极射线,阴极射线打到涂有氰亚铂酸钡的纸板上,激发出一种新的绿色光线。

伦琴非常激动地用各种物质反复实验,他发现,无论是用木头、硬橡胶,还是许多金属,都可以在阴极射线的激发下产生这种光线,但是铝和铂却可以挡住这种光线。

伦琴原本是一个非常恋家的人,但是自从发现这种奇特的光线之后,他一连好几天没有回家。伦琴的妻子不高兴了,几天不见丈夫的踪影,她气急败坏地来到实验室,准备把伦琴大骂一顿。可是伦琴还沉浸在喜悦之中呢,他兴高采烈地把妻子拉到实验仪器前面,把一张黑纸包好的照相底片放在她的手掌下面。伦琴的妻子非常不解,她奇怪丈夫怎么换了个人似的,但是一想到科学家的激情,她也就耐着性子看个究竟。当伦琴打开阴极管的开关后,射出的阴极射线穿过伦琴夫人的手掌,拍下了她的手骨结构。看清冲洗出来的底片后,伦琴夫人惊呆了,照片上是一只手掌的骨头,手指关节清清楚楚,手上那枚金戒指的轮廓

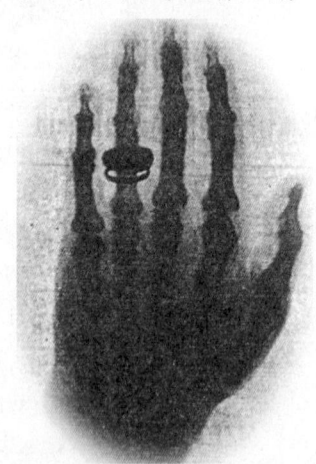

伦琴为妻子拍下了
第一张 X 射线照片

也清晰可见。这就是历史上最著名的一张照片，在全世界引起了轰动。

伦琴的科学报告震惊了全世界，尽管发现了这种新的射线，可它到底是什么东西，伦琴并不清楚。所以他决定用"X"来表示，表明它是未知的，人们就将这种射线定名为 X 射线。后来世人通过实验阐明了 X 射线的原理，它是由阴极射线打在阳极靶上而获得的。其实，当时伦琴所做的实验用的都是极其普通的设备，实验技术也是常见的，这一实验许多其他实验室也进行过。但不同的是，其他人并没有伦琴的细心，他抓住细小的重要线索，发现了伟大的成果。

非洲发行的纪念邮票，伦琴的
发现对医学有巨大的贡献

当伦琴夫人的左手的 X 射线照片被发表之后，许多杂志都把它放在封面上予以报道，一时间，全世界都在谈论这一能够照出骨头的射线，许多人甚至以拍摄骨骼照片为时尚。这一发现当然在全世界科学家中引起了巨大的轰动，物理学家争先恐后地重复这一实验，力争发现 X 射线新的特性，尽快阐明这一射线。X 射线的商业价值也由这一手骨照片充分体现出来，许多公司也纷纷投入经费，研究 X 射线的用途。直到今日，我们平常去医院体检时照的胸透，就是利用伦琴发现的 X 射线，这成为医生诊治疾病的依据和绝招之一。伦琴的伟大发现泽被后人！

伦琴具有十分可贵的品格，他 生谦虚谨慎、淡泊名利。X 射线的发现虽然给他带来巨大的荣誉，但他并不居功自傲。1896 年初，德高望重的解剖学教授克里克尔曾建议用"伦琴射线"来代替"X 射线"的名称，但是伦琴坚持使用原来选定的名称。他一向不愿在公众场合陈述自己取得的成就，认为自己关于 X 射线的三篇论文已经表述得详尽无遗，所以伦琴是诺贝尔奖获得者中唯一没有发表获奖演说的科学家。

伦琴的一生是光明磊落而又正直无私的。他深知自己的发现在科学、医学和实践中的重大意义，但是却不曾有过任何金钱方面的考虑。即使是获得的诺贝尔奖金，他也一分未留，全数捐献给了符兹堡大学。他断然拒绝商人意图以重

伦琴在实验室

金购买他的技术专利的要求。他讲道："根据德国教授的优良传统,我认为他们的发明和发现都属于全人类。这些发明和发现绝不应受专利权、特许权、合同等的限制,也不应受到任何集团的控制。"正是他这种无私的品格使得 X 射线在许多领域的推广加快起来,大大地促进了人类文明的进步。他还拒绝把自己的头像印在阴极管上做广告,拒绝俄国沙皇赏赐的勋章,拒绝在自己的名字前面加上贵族头衔。

由于第一次世界大战的影响,伦琴的晚年是在不幸和贫困中度过的。他的夫人由于疾病长期缺乏治疗于 1919 年去世。1923 年 2 月 10 日,伦琴在乡间的住所中去世。2 月 13 日,德国人民为这位伟大的科学家举行了隆重的葬礼,人们称他为德国人民"伟大的儿子"。

居里夫人

才华与无私的结合
才是科学的杠杆

> 居里夫人的品德力量和热忱，哪怕只有一小部分存在于欧洲的知识分子中间，欧洲就会面临一个比较光明的未来。
>
> ——爱因斯坦

20 世纪初，一个划时代的发现带来了物理学的革命。玛丽·居里和她的丈夫比埃尔·居里一道，发现了放射性元素——镭。正是镭的发现和放射性元素的研究，人类才得以发现利用原子能。镭还可以破坏有病的细胞来治疗恶性肿瘤，人们把这种疗法叫作"居里疗法"。可是，终生研究镭的居里夫人，却被镭夺去了生命。这位举世闻名的女科学家，两次诺贝尔奖的获得者，以科学上的伟大成就和崇高的思想品质，赢得了世界人民的尊敬和赞扬。

居里夫人画像

第二章 物理学奖

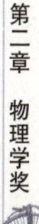

在测验铀沥青矿含钡的部分时,居里夫人发现了比铀的放射强度大九百多倍的新元素。她用化学方法把这种具有高度放射能力的元素与钡分离,从而发现了一种新的放射性元素,并命名为镭。

1898 年 12 月 26 日,居里夫人在提交给法国科学院的报告书上发表了自己的重大发现。这个发现动摇了几个世纪以来学者们所信守的基本理论和固有的经典概念,引起了那些墨守成规的科学家的惊愕和疑惑。他们挑衅说:"没有人看见镭,没有原子量就没有镭!"面对这一挑战,居里夫妇意识到前进的道路上横亘着巨大的困难,但勇于创新的居里夫妇并没有退缩。

居里夫妇

经过交涉,居里夫人在学校里找到了一个十分简陋的房间作为工作室。这实际

在极其简陋的条件下,
居里夫妇提炼出了镭

上只不过是个破旧的棚屋,玻璃屋顶残缺漏雨,下面是泥土地,里面潮乎乎的,散发着霉味。没有精密的仪器和完备的设备,他们就用简陋的工具进行操作。要从数吨铀沥青矿中提炼出镭并测定其原子量是十分复杂而艰巨的工作。铀沥青矿是一种贵重的矿物,需要量又很大,而他们手头又没有经费。怎么才能买得起这样昂贵的矿物呢?他们获悉奥地利有弃而不用的废铀沥青矿渣,可以用来代替纯铀

沥青矿石。经过维也纳科学院的说情,他们终于仅付了运费就弄到了一吨废铀沥青矿渣。

这一大堆矿渣对居里夫妇来说是一个相当大的工作量。为了抓紧时间完成实验,他们进行了分工,一个人负责确定镭的特性,另一个人继续提炼纯镭。从早到晚,居里夫人总在棚屋外忙碌着,她装桶,用沉重的大棒搅拌。大桶大桶的矿渣被煮沸,这是一种毒性非常大的物质,他们的工作环境相当恶劣,下暴雨时,他们得把沥青往屋里搬,天晴朗了,又得搬出来,他们工作时间非常紧迫,所以必须常常在实验现场吃饭,累了躺下就睡。

他们常常边工作边讨论。镭会是什么颜色呢?居里夫人有时候会好奇地问丈夫

这个问题,丈夫总是笑着答道:"亲爱的,我想它一定会有一种非常漂亮的颜色,就像你的心灵一样!"

居里夫妇整天紧张地忙碌着,忘却了时间,不论严冬或盛夏,不分黑夜和白天。可仅仅有热情和劳动是不够的,化学实验是需要大量资金支持的,在经费不够的时候,他们就把家里能典当的东西都典当了,此外,居里先生还到巴黎大学教书赚取实验费用,居里夫人也去巴黎女子高等师范学校教授物理课程。这样繁重的工作对常人来讲,光是听着就已经非常头疼了,可是居里夫人毕竟不是常人,她是一个有着超凡毅力的科学家,她扮演着很多角

居里夫妇

色:科学家、技师、大学教师,工人、苦力、家庭主妇,同时还是孩子的母亲。

两年的辛勤劳动并没有换来实验的成功,还没有见到镭的影子,可是他们的健康却成了问题,居里先生常常生病,居里夫人也日渐消瘦。困难的时候,他们仍然没有放弃,他们失败了再实验,失败了再实验……,他们总共提炼了八吨矿渣。1902 年,幸运之神终于降临了,四十五个月的劳动、几十万次提炼的辛勤劳动终于换来了成功,他们从废铀沥青矿渣中提炼出了十分之一克氯化镭。

那是一个历史永远不会忘记的时刻,那天晚上,劳累了一整天的居里夫人来到了实验室,忽然被眼前的景象惊呆了:放置镭的瓶子里发出一丝微蓝色的荧光,在黑暗之中,那光线如幽灵一般闪烁着,居里夫人如痴如醉,这就是他们三年多的劳动成果,这就是他们梦寐以求的宝贝。居里夫人成功了!

后来,居里夫人在信中写道:"就在这间可怜的破棚子里,我们度过了一生中最美好、最幸福的时刻。"

镭的发现给人类带来了福音,它有着惊人的特性和广泛的用途。不仅在科学上是一个崭新的领域,在医疗上,镭的用处也越来越大。当时世界上只有居里夫妇掌握提取镭的技术,没有第三个人知道,他们完全可以申请专利将技术转化为私人财富,这样一来,他们的收入将非常可观,仅仅靠专利的转让,金钱就会源源不断地涌来。比埃尔让玛丽做决定:是否将镭的提取技术申请专利? 居里夫人斩钉截铁地说道:"我们绝不申请专利,那是违背科学精神的。"她说:"我发现了镭,但不是创造了镭,

因此它不属于我个人,它是全人类的财产。"

智慧的居里夫人拥有一颗无私而伟大的心灵,表达了她对科学的无私追求。在这伟大心灵的支持下,他们热心指导外国实验室进行镭的提取工作,对于前来索取镭提取技术资料的公司,他们也毫无保留地提供帮助。在居里夫妇的无私帮助下,制镭工业如雨后春笋一般在世界各地建立起来,开始为人类服务了。

他们的重大发现和崇高的情操博得了人们的普遍赞扬。1903 年 12 月 10 日,瑞典皇家科学院诺贝尔奖委员会宣布把本年度诺贝尔物理学奖授予居里夫妇,以奖励他们对天然镭放射现象所进行的研究。

比埃尔·居里

居里夫人继续不知疲倦地工作着。1907 年,她提取出纯氯化镭,精确地测定了镭的分子量。1910 年,她提取出纯镭,并测出镭的各种物理和化学性质,还制定出镭计量单位的第一个国际标准。

鉴于她做出的这许多杰出的贡献,1911 年 12 月瑞典皇家科学院诺贝尔奖委员会又宣布将本年度的化学奖授予居里夫人,以奖励她发现镭元素的化学性质,推进了化学研究。在这之前,世界上还未曾有一个人能两次获得诺贝尔奖。更令人叹服的是,她在物理和化学两个不同领域里都取得了伟大的成就。

爱因斯坦

20 世纪最伟大的天才人物

成功的秘诀可以用下列方程式表达出来：$X = A + B + C$。其中 X 代表成功，A 代表艰苦的劳动，B 代表正确的方法，C 代表紧闭嘴巴！

——爱因斯坦

在美国纽约的曼哈顿区美轮美奂的新教堂的一面墙壁上，雕刻着 14 位科学巨人的画像。当 1948 年设计教堂壁像时，主持人曾给美国一些著名科学家写信，请他们列举 14 位科学史上最伟大的天才人物。这些科学家列举的人物各有不同，大半列举了阿基米德、欧几里得、

爱因斯坦在伯尔尼专利局工作时

伽利略和牛顿，但都不约而同地列举了当时还健在的阿尔伯特·爱因斯坦。一个健在的科学家竟能赢得同时代公众如此的景仰和崇拜，在自然科学史上还是第一次。

爱因斯坦在 1905 年至 1915 年间，即 26 岁至 36 岁期间做出了

第二章 物理学奖

五项都可以获得诺贝尔奖的重大科学成果，即布朗运动的研究、提出光量子假设、创立狭义相对论、发现质量与能量关系公式 $E = mc^2$ 以及创立了广义相对论。其中前四项是他在 1905 年 3 月至 9 月里做出的，而且是在缺乏科研条件、没有名师指导的情况下，在专利局当小职员时依靠业余时间进行研究而做出的。他被人们誉为"20 世纪的哥白尼""20 世纪的牛顿"。

1879 年 3 月 14 日，爱因斯坦诞生在德国乌尔姆的一个犹太人的家庭，他是在浓厚的科学和艺术氛围中长大的。这是个沉默寡言的孩子，爱好沉思而又具有独立的精神。然而他在学校生活中并没有表现出早慧。因为在德国的学校读书时，他对机械的奴性教育感到极难适应。幼年时，粗暴的女教师甚至斥骂他"低能"。但是他仍然以极强的好奇心贪婪地阅读着科学书籍。

他怀疑一切权威，本能地厌恶一切强制和压抑，对枯燥沉闷的学校生活打不起精神。他的才能有很大部分是在自我教育中发展起来的。他对事物充满好奇心。五岁时，父亲送给他一个指南针。这个指南针唤起了他极大的兴趣。他捧着盒子翻过来调过去地观察，发现

爱因斯坦童年时的照片

那根红色的小指针始终不听自己的指挥，总是指着一个确定的方向。这违反了他在日常生活中看到的只有用手指拨动才能使指针转向的概念，使他十分惊奇。他当时当然找不出解释，日后他曾说，"我没有别的天赋，只有强烈的好奇心""思维世界的发展，就是对惊奇的不断摆脱"。

12 岁时，他自学了欧几里得几何学，那严密的逻辑再次使他惊奇。他领会到人类的思维可以达到何等的精确和明晰，他作为一个潜在的理论追求者产生了极大的兴趣。在学校里，他的数学取得了很大的进步，他的数学水平早已达到了一个大学生应有的水平。当同年龄的同学们还在全

爱因斯坦和妻子米列娃

等三角形的浅水中扑腾时,他已经在微积分的大海中畅游了。

16 岁时,他还是一个中学生,就思考着一个奇特的问题:如果一个人被捆绑在运动的光线上,会发生什么事情呢? 这一年他比大学入学的最小学员还要小两岁,但是经过特准可以参加大学的入学考试。虽然他的数学、物理和化学都考得不错,但最终还是因文科科目的成绩不好而落榜了。此后,他又上了一年中学,终于在 17 岁时以最小的录取年龄进入苏黎世工业大学的师范系学习。

大学中强制的考试严重阻碍了爱因斯坦的创造性,他大部分时间都在实验室度过,并深入钻研了物理学大师们的原著。他的自我教育引起教师的强烈不满,但是他卓有成效的自学为他日后的物理学研究打下了坚实的基础。

1902 年,爱因斯坦受聘于伯尔尼专利局,专利局的工作职责,是审核申请专利权的各种技术发明创造,爱因斯坦很快就熟悉了工作。这一工作,使他有机会接触到许多新的发明和发现的科学思想,引导、激励他对物理学不断探索,进一步培养了他迅速抓住事物本质及判定其正确与否的能力。爱因斯坦一方面做好本职工作,另一方面利用一切可能进行他的物理学研究。他通常在上午迅速完成他的专利技术审查工作,下午就会仰坐在椅子上思考最新的物理学课题,不时在废纸片上进行一些复杂的数学计算。下班后,他更是尽一切可能来进行他的物理学研究。他经常整夜整夜地在紧张的思索和写作中度过,就连休息、散步、带孩子、做家务时也在思考问题。

爱因斯坦在实验室

爱因斯坦常说:"学习知识要善于思考,思考,再思考,我就是靠这个方法成为科学家的。"他又说:"我没有什么特别的才能,不过喜欢寻根问底罢了。"就是这种专注

的寻根问底的精神,使他不断地开拓发现科学真理的道路,他也因此变得更为痴迷,更为着魔。

在伯尔尼专利局工作的 9 年里,他发表了约 30 篇科学论文,其中以 1905 年的论文贡献最为突出。科学史家认为,仅 1905 年那一年,他就足以拿四项诺贝尔奖。

从 1910 年到 1922 年,12 年内除有两年间隔外,爱因斯坦有 10 年被提名为诺贝尔奖候选人,1921 年终于被授予本年度的诺贝尔物理学奖。瑞典皇家科学院特地向他指出,此奖是表彰他在光电效应方面的发现,并不包括他的相对论。原因在于科学界当时对相对论还有争议,而瑞典皇家科学院中,没有一个院士有能力在学术上做出适当的评论。

1955 年,爱因斯坦逝世,享年 76 岁。遗体当天下午被火化,骨灰被撒在未知的地方。但是他智慧的大脑却用医学方法保存了下来,以做生理学的研究。

历史上最伟大的
物理学家之一——爱因斯坦

玻尔

永远的『哥本哈根精神』

他发表自己的意见，就像一个永远摸索着的人，而从来不像一个相信自己掌握了确切真理的人。

——爱因斯坦

1903 年秋季，玻尔跨进了丹麦哥本哈根大学的校门，他是 1500 名新生中的一员。

对于玻尔来说，哥本根大学并不是什么神秘而陌生的地方，他从一岁起就随父母住在这所大学的教师宿舍里了。

玻尔在哥本哈根大学取得了学士学位，之后又一鼓作气，攻读了硕士和博士

尼尔斯·玻尔

学位。要知道，在上个世纪初的丹麦，能够获得硕士学位的人是不多的。从 1901 年到 1910 年 10 年间，在哥本哈根大学只有 12 人获得数学和物理学硕士学位。至于博士学位，就只有尖子中的尖子

第二章 物理学奖

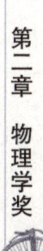

才能得到了。

获得了博士学位后,玻尔又获得了嘉士伯基金会的奖学金,他要到国外去,继续深造并攻读博士后学位。1912年3月,他来到了英国曼彻斯特的卢瑟福实验室。就自然环境来说,曼彻斯特不如剑桥和哥本哈根,但是,这儿有一个科学伟人,他的光辉将照亮他的弟子及科学研究的课题。

卢瑟福没想到,他吸收到他的实验室的丹麦人玻尔,竟在一年之中为他解决了所研究的原子结构之谜。

卢瑟福大概也没有特别注意到,他创设的实验室,造就了一种宽松的、自由交流学术思想的学术气氛,使年轻的玻尔如鱼得水,他可以畅所欲言,可以充分发挥自己的潜能,攻克科学难关就是顺理成章的事了。

年轻时的玻尔

卢瑟福不仅是一个伟大的科学家,也是一个伟大的组织者和领导者。他继承卡文迪许实验室的良好学风和传统,把一个科研集体组织得像一个和睦的大家庭。对不同国家、信仰、性别和不同能力水平的研究者、助手和学生,他都能做到民主、平等和公正,一旦接受就负责到底,把他们引向成功之路。

当时,实验室有一句谚语:卢瑟福能"给课题带来光明"。每个课题结束之前,他已想好下一个课题,不断地带领学生攻克科学难关。他的所有学生,都是乘兴而来,载誉而归。有的学生说,实验室的秘密在于能把一个普通人造就成第一流的人才。

1935年玻尔留影

在这样的环境中,玻尔一直朝着解决原子结构的方向奋进,而卢瑟福也凭着直觉给予玻尔极大的信任。遇到助手们向他提出某方面问题,而他因为太忙或自己还未能深入研究,他就会立即回答:"问玻尔去!"

一天,玻尔带着自己的一篇关于电子理论的论文去见卢瑟福:"老师,我对您去年提出的原子模型有新的想法，能否和您谈谈呢？"

卢瑟福很高兴地说："好啊，我很想听听你的新见解。"

玻尔于是极富条理地对卢瑟福原子模型的缺陷进行了评述。他大胆地摒弃了牛顿和麦克斯韦以来的经典物理学理论，启用了人们还未敢启用的普朗克的量子概念来解释有核原子模型，从而解开了原子结构之谜。

卢瑟福不时地与玻尔进行讨论。后来，又经过几次长谈，卢瑟福鼓励玻尔说："你的想法很好，发展和完善了我的模型，请尽快完成论文，我会推荐到《哲学杂志》去发表。"

玻尔

玻尔的论文经过卢瑟福的审阅和推荐，公开发表了。玻尔因这篇论文而一举成名，并因此荣获了 1922 年的诺贝尔物理学奖。他们从此结下了父子般的终生情谊，玻尔深情地称卢瑟福为"我的第二个父亲"，玻尔还给自己的小儿子取名为"欧内斯特"，以纪念卢瑟福。

玻尔结束了博士后的学习后，于 1916 年返回哥本哈根，他被聘为哥本哈根大学理论物理学教授。

就在他离开英国回国时，他的心中已经酝酿出了自己的研究所模型：它不应是任何人的私有领地，而应是各国科学家献身科学的场所；研究所应充满合作的意识和生动活泼的学术气氛，没有武断的学阀和不学无术的官僚主义；理论应与实验密切结合，实验手段应当先进，但不必装备庞大和华丽。在商界和朋友的资助下，经过两年筹建，哥本哈根理论物理研究所在 1920 年 9 月 15 日正式落成。

这座研究所的落成，立刻吸引世界上许多有为青年聚集在玻尔的身边，去攻克当时物理学面临的许多难题。海森堡、泡利、狄拉克、薛定谔等著名科学家都来过这里或在这里工作过。很快，哥本哈根理论物理研究所的规模不断扩大，形成蜚声国内外的"哥本哈根学派"，成为当时世界上物理学三大中心之一，被许多物理学家誉为"物理学界的圣地"，而玻尔也因此成为一个卓越的学派领导人。

在玻尔一生的大部分时间中，他主要是通过和别人讨论来学习新科学的，他非常善于取人之长，补己之短，不断从其他物理学家和他的学生、助手那里汲取科学营养。

他又非常善于概括和综合,从综合的材料中进行科学分析和严密推理,由此取得了一个又一个辉煌的科学成果。

玻尔深深懂得科学研究必须依靠众人的力量。童年时代父辈们进行的小团体科学讨论给他留下了深刻的印象,进入大学后他和弟弟组织了同样的研讨会,读博士后时他在卢瑟福学派的物理实验室受到熏陶,回国后他自己创建了哥本哈根学派。他在这种小团体的科学讨论中成长并成熟起来,他比许多人更了解科研集体对个人成长和科学发展的意义。他认为,这种团体必须有一种独到的、浓厚的、没有条条框框约束的、宽松的、平等自由讨论和紧密合作的学术氛围。这也就是著名的"哥本哈根精神"。

毫无疑问,玻尔是这样想的,也是这样做的。

玻尔是谦虚的,他的谦虚是出自对真理的深刻信仰;他有一种献身精神,愿意做培养人的艰苦工作,不遗余力地提携后学者,尊重青年人的首创精神,认为这是发展科学的动力。总之,他把他的导师卢瑟福的"鳄鱼精神"接收了过来,发扬为"哥本哈根精神"。在这样一种精神的养育下,哥本哈根理论物理研究所培养出了7位诺贝尔奖获得者,玻尔也因此成为培养科学人才的巨匠。

哥本哈根理论物理研究所现改名为
玻尔研究所

"哥本哈根精神"将永远是发展科学的宝贵精神。

44

千秋功罪任评说

海森堡

他的最重要的贡献是他直觉地了解到哪些问题是重要的，而且他也能直觉地找到如何解决这些问题的方法，但他不是一个最能把这些从头到尾、清清楚楚地表述出来的人。

——杨振宁

关于对维尔纳·卡尔·海森堡的评价，一直有不同意见。美国科普作家阿西莫夫说他是"能够在纳粹手下工作的绝无仅有的一流科学家，他甚至接受了他们给予的高级职位"。与此意见大相径庭者有之，一位专门研究纳粹德国核计划的专家托马斯·鲍尔斯认为"海森堡把那个计划引入死胡同，直到战争结束"。是非曲直还待历史学家进一步研究。但有一点是肯

年轻时的海森堡

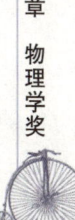

定的,这位出生在德国符兹堡的学者,31 岁时就因提出测不准原理而荣获 1932 年的诺贝尔物理学奖。所以过去和现在的著名学者一致认为:维尔纳·卡尔·海森堡是世界一流的科学家。

1922 年初夏,丹麦物理学家玻尔应邀到德国格丁根做七场报告。当第三场报告结束时,刚满 21 岁的海森堡突然站了起来,说:"我不同意您对斯塔克效应的看法!"顿时,在场的人都惊呆了。

海森堡

然而玻尔并不介意,依旧稍歪着头,嘴上还带着友好的微笑,用商量的口吻说:"会下交流,怎么样?"站在后排的海森堡这才坐了下来。讨论结束后,玻尔走到海森堡面前说:"我们去郊外散步,怎么样?"

海森堡高兴地点头同意。这个季节,位于格丁根郊外的海茵山开满了鲜花,最迷人的是那些灌木、玫瑰园和花坛。他们来到一块高地上,在树木葱郁的林间小路上来回走动。讨论的主题便是近代原子物理的理论与哲学问题。一位是功成名就、即将领取诺贝尔奖的物理学大师;一位却是羽翼未丰的博士生,但是他们谈得很投机。这次谈话,对海森堡"后来的产业产生了决定性的影响",使他第一次理解玻尔理论的深刻性在于"对理论结构的洞察,并不是对那些基本假设进行数学分析的结果,而是对实际现象进行艰苦考察的结果"。

散步后,玻尔同海森堡的导师索末菲商量让海森堡毕业后到哥本哈根访问。1924 年,海森堡获得洛克菲勒基金会奖金后,在玻尔手下长期工作。从此,有人将他与另一位知名学者泡利戏称为玻尔的"哼哈二将",称赞海森堡"具有深刻的直觉和数学上的精湛技巧",二者的巧妙结合,常常让海森堡冒出令人眼花缭乱的思想火花。

1927 年 2 月的一天,夜已经深了,海森堡信步走出研究所,来到了对面的凡伦公园,悠闲地在月光下散步。此时,听不到厄勒海峡的涛声,只是独自感受这夜的宁静。忽然,一道明亮的闪念从沉思的脑海中划过,他仿佛在朦胧中察觉到一个奇妙的现象,生动地呈现在面前,那就是电子的径迹。渐渐地,这朦胧的思绪在捕捉过程中变得异常清晰、生动。啊,原来他所观察到的电子在云室中的径迹,并非电子的真正径迹。

他想到这儿不由得加快了步伐，急匆匆返回研究所，狂奔到他所居住的顶楼，开始了紧张的运算。这一夜，那顶楼的灯光又亮到天明，由他提出的测不准原理在这一夜诞生了。

兴奋中的海森堡随即写信给泡利和玻尔，自信"一切事情都变得愉快和轻松"。当玻尔回到哥本哈根时，海森堡已完成关于量子理论中运动学与动力学的可观测内容的论文。为了使哥本哈根学派明白他的理论，他设计了一个假想试验：假设有一杆

海森堡参观

枪，朝无原子的黑屋内射入一个个电子。此时，有一束光进入这间黑屋，我们凭借"理想"的显微镜去观察，将会看到什么？人们也许会回答：电子被撞得改变原来的状态。海森堡又问：若是频率较低的光呢，又将怎样？回答：电子周围一片模糊，电子位置因光的衍射而无法看清，当然测不准。

从此，海森堡的测不准原理和玻尔的互补原理，成为哥本哈根学派解释量子力学的两大支柱。鉴于海森堡"创立了量子力学，而且特别是量子力学的应用，导致氢的同位素异形体的发现"，他被授予 1932 年的诺贝尔物理学奖。

海森堡在课堂上

在研究海森堡这位历史人物时,至今还存在不少盲点。其中的一个就是海森堡是否愿意为纳粹德国制造原子弹。杨振宁说:"据海森堡战后说,理论观念不对是因为他和其他物理学家都不希望德国制造原子弹,所以不去努力地想问题,使原子反应堆走向错误的方向。"一张二战结束后被俘科学家的录音带现已部分公开。历史学家斯坦利承认录音"说明海森堡对原子弹已有所掌握"。美国曼哈顿计划的主要理论家之一的汉斯·贝特听过录音后也说:"海森堡知道的要比我一直认为的多得多。"越来越多的证据表明海森堡所说的"德国科学家曾自觉尽力地控制核计划"是真话。

另外一个就是有关海森堡的研究特色。杨振宁认为:"他的最重要的贡献是他直觉地了解到哪些问题是重要的,而且他也能直觉地找到如何解决这些问题的方法,但他不是一个最能把这些从头到尾、清清楚楚地表述出来的人。"

评论一个历史人物是困难的,起码对海森堡是这样的,海森堡临终前曾在病床上宣布,他要带着相对论和湍流两个问题去见上帝。他还说:"我真的相信第一个问题会有答案。"不管这一说法的真实性如何,远去的海森堡已足以获得灵魂上的祭奠了。

海森堡是不朽的,因为他最终还是得到了持不同观点者的一致肯定:为人类的科学做出过巨大贡献。

乌拉圭发行的海森堡纪念邮票

48

费米 开启原子时代的大门

一个年轻人应该将他的大部分时间用于解决简单的实际问题，而不应专一处理深奥的根本问题。

——恩里科·费米

1942 年 12 月 2 日，世界上第一座原子核反应堆诞生在美国芝加哥大学足球场西看台底下的网球场中。至此，人类首次实现了有控制地释放原子核中所蕴藏的巨大能量，社会的航船开始驶入原子时代的海域。

谁是这艘航船的舵手？正是恩里科·费米，一位意大利的物理学家。正是他完成的用慢中子轰击元素原子核的实验，为自持链式

原子弹之父费米

第二章 物理学奖

反应奠定了基础;也正是他领导的一批杰出的科学家,从实践上找到了释放核能的可行途径。

费米所处的时代,正是核物理学飞速发展的时代,一系列的新发现既加深了人们对原子核内部结构的认识,也给科学家们提出了许多难题。

1934 年,费米的注意力逐渐转向了一个发现:速度慢的中子更容易击中原子核。

那一年的 10 月 22 日,费米的两个学生在做中子轰击银的实验时,发现装置外面的铅盒竟影响了放射性的强度。他们向费米汇报了这一异常情况,费米便建议他们把中子源封在石蜡中,重复这一实验。

结果出人意料,放射性强度竟增加了一百多倍。

费米设想,可能是因为石蜡的质子对中子起了减速作用,才使中子与银的原子核相撞击的机会增加,放射性强度增大。

为了证实这一结论,费米决定下午在水中进行这一实验。他把实验地点选在柯比诺家中的喷水池。

这次实验非常成功,结果完全证实了费米的设想:水和石蜡一样,也使银的放射性大大加强了。

这一实验结果发表在《科学研究》杂志上。科学界很快意识到这是一个了不起的发现。费米因此而获得 1938 年度诺贝尔物理学奖。

1938 年 12 月,费米偕妻子和孩子前往瑞典的斯德哥尔摩领取诺贝尔奖。当时,他们全家已经暗下决心,不再回到法西斯统治的意大利。

1930 年费米在罗马

1939 年,费米全家来到美国纽约,后又迁居哥伦比亚。

不久,第二次世界大战全面爆发了。罗斯福总统签署了一道命令:立即动员力量开展原子武器的研究。要研制原子武器,没有费米可不行。这是美国核计划的主要负责人阿瑟·康普顿教授的看法,也是美国同行的一致看法。

然而,随着珍珠港事件的爆发和美国对德、日、意的正式宣战,费米已经成了一个敌国侨民,难以受到政府的信任。在科学家们的一再举荐下,费米才被吸收到芝加哥大学的一个冶金实验室工作。

这个所谓的冶金实验室,实际上一个冶金学家也没有。它是一个研制核反应堆的秘密机构,费米便是这个机构的领导人。

核反应堆是研制原子武器的重要环节,因为研制原子武器的许多数据都必须从反应堆的运行中取得,原子武器的主要原料,也要从反应堆中获取。

从 1942 年 4 月起,费米便长期地住在芝加哥,开始了他在芝加哥大学的研究设计和模拟实验工作。

1942 年 11 月 14 日,冶金实验室的那些神秘人物来到了芝加哥大学那个荒废已久的足球场的西看台底下。他们经过了 18 天的紧张战斗,终于迎来了科学史上一个值得纪念的日子。

12 月 2 日,星期三。

上午 8:30,40 多名科学家来到了足球场的西看台,开始了一项史无前例的实验:核反应堆试运转。

助手向费米报告:"一切准备就绪。"

9:45,费米下了"启动"指令。话音刚落,计数器就开始运转,描笔画出了一条表示辐射强度的曲线。

实验继续,负责操纵镉棒的科学家按照费米的指令,把那根对中子起吸收作用的镉棒先抽出一半,反应堆的辐射强度立即增大。再抽出一部分,辐射强度继续增大。

费米在演算公式

吃过午饭后,实验进入了紧张阶段。15:20,费米下了最后一道指令:"将镉棒再抽出一英尺!"

计数器的声音响得更急促了,描笔向上升去,链式反应在反应堆中顺利进行。

科学家们情不自禁地欢呼起来。在场的康普顿教授马上通过长途电话,用暗语向在哈佛大学的科南特报告了实验的结果:"那位意大利航海家已经到达新大陆了!"

核反应堆的成功,为原子弹的制造铺平了道路。

费米纪念章

1944 年 9 月,费米被改名为尤金·法默而派往美国的 Y 基地,担任实验室副主任,并负责一个物理学家小组的工作,参与制造原子弹的"曼哈顿计划"。

Y 基地设在新墨西哥州的一个名叫洛斯阿拉莫斯的地方。这是一块偏僻而荒凉的土地,很适合制造原子弹这种秘密工作的需要。

在 Y 基地,费米的研究实验能力和组织管理才能都得到了充分的发挥。著名的丹麦物理学家玻尔此时也改名为尼古拉斯·贝克,与费米等人一道,共同参与原子弹的研制工作。

经过这些物理学大师的努力奋斗,一切进展十分顺利。不到一年的时间,世界上第一颗原子弹便诞生在这片荒漠中了。

意大利发行的费米纪念邮票

52

试验日期预定在 1945 年 7 月 16 日,爆炸地点选择在 Y 基地一百英里以外的一片沙漠里。

费米纪念邮票

那天,科学家、工程师、军方代表和政府官员等一千多人聚集在试验场的安全地带,等待着奇迹的出现。

凌晨 5:30,天空中突然闪现一阵耀眼的光芒,把大地照得如同白昼一般。紧接着,一阵震耳欲聋的爆炸声从远处传来,闪光和爆炸处升起了一朵巨大的蘑菇云。

随着爆炸声传来,费米急忙戴上墨镜,跑出掩蔽所,从衣袋里掏出一大把纸片抛向空中。这些纸片被爆炸引起的气浪吹到了远处,然后慢慢飘落下来。

费米用脚步测量了纸片飘飞的距离后,立即向同事们报告说:"这颗原子弹的威力相当于两万吨 TNT 炸药的当量。"

如果说这颗原子弹的爆炸展现了人类征服

自然的巨大威力的话,那么,三周之后落在日本广岛和长崎的两颗原子弹造成的却是另一种后果。这两颗原子弹夺去了近50万日本平民的生命。

这些由科学家们制造的原子弹,再也不受科学家们支配了。

费米只活到53岁,可谓英年早逝,但他为社会、为人类所做的贡献却可以船载车装。随着时光的流逝,他所建造的那座反应堆早已成为历史的遗迹,供人们参观游览和凭吊。然而,与反应堆、与原子时代紧紧联系在一起的费米的名字,却是永垂不朽的。人们越享受原子时代的恩惠,就越怀念这个名字!

李政道

首位获诺贝尔奖的中国人

> 我们的工作是由物理学上一个"疑惑不解"的地方而引起的，我们想起一个概念能够予以解释，于是就设法从理论上说明这个概念。
>
> ——李政道

李政道

李政道和杨振宁因发现"弱相互作用下宇称不守恒"定律，于1957年共同获得诺贝尔物理学奖。李政道获奖时刚刚31岁，比1915年25岁的诺贝尔物理学奖得主劳伦斯·布拉格稍大，成为诺贝尔奖自设立以来第二位年轻的获奖者。纵观他的经历，作为学生，他聪明好学；作为老师，他先当学生，后当先生；作为科学家，他想象力丰富，善于思考，荣获诺贝尔奖；他还胸怀祖国，着眼未来，为祖国培养人才。2001年10月7日，他在人民大会堂做了关于 21 世纪科学的挑战的大型学术报告,为新世纪中国科技的发展勾画了蓝图,让人深深地感觉到他精辟的论断和浓浓的中国情。

李政道 1926 年出生于上海,在家中排行老三。父亲名叫李骏康,是一个在上海做化肥生意的商人,母亲张明璋受过良好的教育。在这样一个很重视子女教育的知识分子家庭里,李政道的童年是在温暖幸福的环境中度过的。在父母的呵护下,李政道从四岁就开始识字,同时对算术特别感兴趣,心算又是他的拿手戏;每当他完成一道心算题时,心里都有说不出的快乐。

李政道从小学到中学,数学和物理成绩一直都是很好的,在班级里总是名列前茅,受到老师和同学的交口称赞。他本人又是非常谦虚的,经常拿着自己的作业,来到老师面前,请老师批改。有一位数学老师格外地喜欢他,每次批阅完他的作业,总要抬起头来对他会心地一笑,这对李政道来说,无疑是很大的鼓励。

然而天有不测风云,抗日战争不久就开始了。李政道无法继续在上海学习和生活。李政道的父亲认为,能够给予孩子的最好东西就是让他们好好学习,于是他让李政道兄弟三人到外地求学。他们历经千辛万苦,风餐露宿地来到浙江嘉兴,在一个临时搭起来的窝棚里上课。艰苦的学习生活磨炼了李政道的意志,让他认真地思考人活着的意义以及自己应当如何度过一生。他得出了结论:探索物质的定理,弄清自然界的规律,才是真正的知识。从此他更加勤奋学习,一切艰难困苦都已经置之度外了。

日军不久就侵占了李政道的窝棚学校。李政道兄弟三人不得不离开那里,逃到江西联合中学读书。在这里,他一直读到高中三年级。直到有一天,教导主任突然把他叫走了,他的哥哥以为弟弟出了什么事。等到李政道回来之后,大家才松了一口气。原来由于战争,学校师资奇缺,想请李政道当小先生,代上数学和物理两门课。李政道勇敢地接受了这个任务,他认真地备课,讲课深入浅出,同学们都感到满意。后来李政道提到自己当小先生所总结的经验是,要当先生,就要先当好学生。

1943 年秋,李政道中学毕业了,他顺利考入了浙江大学,好景不长,大二刚开始,日军侵占贵州,浙江大学停办,李政道不得已便转入昆明西南联合大学学习。

西南地区电力不足,晚上学校里是没有电的,好学的李政道选择了茶馆。茶馆点的是煤气灯,往往是客人们喝茶聊天谈论国事的地方,因为可以读书,他便天天到茶馆里,买上一壶茶,一喝便是一整晚,同时专心读书,闹中取静,倒也落得清闲。

然而,西南联大已经是当时全国读书的最好环境。李政道在那里仅用一年多的时间,就读完了大学三、四年级的全部课程,并深得吴大猷教授的器重和提携,称赞他

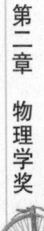

是年轻的物理学家。

1946 年，经吴大猷教授的推荐，李政道获得一等奖学金出国留学，当年他还不满 20 岁。李政道兴致勃勃地来到他向往的芝加哥大学研究生院，渴望拜美籍意大利物理学家费米为导师，可是由于李政道是大学并没有毕业就出国留学的，入学成了问题。按照校规，攻读研究生学位必须先取得大学毕业的资格，而李政道不符合学校的规定，只好先旁听。

他仅仅听了几次课，便引起了物理系教授们的注意，他们非常欣赏这位来自中国的天才学生，于是教授们主动同招生处商榷，改变校规，招收李政道为正式生。这是该校开天辟地第一次。同时，为了鼓励他，还给了他当时很难得到的芝加哥大学的奖学金。费米教授收李政道为博士论文研究生，对学生一向严格要求的费米教授很少接收研究生，李政道成了他的第一个中国籍的博士论文研究生。

李政道在 80 大寿庆典上

李政道在 1938 年诺贝尔物理学奖获得者、1945 年成功试验了第一颗原子弹的"原子弹之父"费米的指导下，进行研究工作。在导师的言传身教感染下，他以惊人的毅力勤奋攻读，从 1946 年到 1949 年 3 年里，写出多篇很有分量的论文。他在费米指导下写的博士论文《白矮星的氢含量》，解决了天体物理方面的一个基本问题。1949 年冬，他结束了研究生的生活，1950 年获芝加哥大学哲学博士学位。

李政道在北大的家中与校长亲切交谈

李政道大学毕业后勤奋工作，用他的智慧与努力攀登一座又一座的科学高峰。1951 年起，李政道开始与杨振宁合作，经过两人的共同努力，在 1956 年他们共同提出"弱相互作用下宇称不守恒"定律，这一发现震惊了整个物理学界，这一伟大的发现获得 1957 年的诺贝尔物理学奖。

　　获奖时，李政道年仅 31 岁，杨振宁 35 岁，而且值得一提的是两人还都持有中国国籍，这是中国人在美国人的土地上做出的伟大成果，可以说是中国人获得了 1957 年的诺贝尔物理学奖。所以引用美国媒体当时的评论：美国人的财富在犹太人的口袋里，美国人的智慧在中国人的脑袋里！

电子显微镜先驱

恩斯特·鲁斯卡

当一个人发现了新的事物时，他就会面临怀疑。

——恩斯特·鲁斯卡

　　人类花费了漫长的时间才踏进微观世界。300 多年前,荷兰人列文虎克成功制造出了世界上第一架光学显微镜,令人类得以窥探肉眼所不能看见的奇异世界。然而,光学显微镜的放大倍数不过几千倍,对于更小的颗粒或者生物体(比如病毒)就无法分辨了。而显微镜的分辨率受限制的根本原因在于其使用的可见光波长比较长,到 200 纳米左右就分辨不了了。而要想解决这个问题,就需要使用比可见光波长短得多的光。人类对微观世界的探索难道就只能停留在细胞水平了吗?

恩斯特·鲁斯卡

1926 年,德国物理学家布施汉斯·布什发现,一个旋转对称、不均匀的磁场可以作为一个"透镜",将电子束聚集起来。这个原理类似于玻璃透镜将光束聚集起来。他利用电子的波粒二象性发明了电磁学的透镜,但是他没有制造出电子显微镜。而真正发明电子显微镜的是德国物理学家恩斯特·鲁斯卡。

1933 年,德国物理学家恩斯特·鲁斯卡等人首次发表了关于电子显微镜的实验和理论研究,并制作出了世界上第一台电子显微镜(或者更精确一点,透射电子显微镜)。为了获得较大的放大能力,人们又研究制造了短焦距的磁场透镜,它除了会聚透镜外,再利用两个透镜做连续两次的造像。这种显微镜能在光学显微镜的基础上再放大 100 倍,原先视野中模模糊糊的东西在人类眼中变得分明起来。鲁斯卡因为透射电子显微镜的发明而获得了 1986 年的诺贝尔奖。

恩斯特·鲁斯卡生于海德堡,是德国东方学家、科学史学家和教育家尤利乌斯·鲁斯卡的儿子,恩斯特·鲁斯卡的弟弟赫尔穆特·鲁斯卡是德国医生,也是电子显微镜的先驱之一。

鲁斯卡在海德堡读完中学后,1925 年起在慕尼黑工业大学学习电子学,1927 年转到柏林工业大学,1933 年完成论文《关于电子显微镜的磁性镜头》并获得博士学位。

由于电子显微镜的商业化开发不是大学研究所的任务,研究所的仪器也无法达到这个要求,鲁斯卡开始在电子光学的工业界寻求新的发展。他于 1933 年至 1937 年在柏林电视机股份公司的研发部门工作,负责电视机接收发送管和带二级放大器的光电池的开发。在此期间,他同博多·冯·博里斯开始试探性地开发高分辨率的电子显微镜。1936 年底至

鲁斯卡 1933 年制作的电子显微镜

1937 年初,他们在西门子公司的电子显微镜工业研发工作实现了这一目标,在柏林设立了电子显微镜实验室,并于 1939 年研发出了第一台能够批量生产的"西门子 – 超显微镜"。

如果说,光学显微镜使人类对微观世界的认识有了第一次飞跃,那么可以说,电

子显微镜让人类对微观世界的认识有了第二次飞跃。的确,光学显微镜使人类看到了肉眼看不到的细菌和细胞,揭开了许多生物界的"谜",但是因为光学显微镜的分辨率受光波波长的限制,使更多的"谜"仍无法解开。而电子显微镜是以电子束作为光源的,电子束的波长比可见光的波长短得多,使电子显微镜的分辨率大幅度提高。从此,人类用电子显微镜揭示了细菌、噬菌体、类病毒、DNA 和蛋白质大分子等,甚至获取了"原子核和电子云"的原子像。

扫描电子显微镜拍摄到的花粉颗粒

在研发"西门子－超显微镜"的同时,他和弟弟赫尔穆特·鲁斯卡及其同事开始了它的应用,尤其是在医学和生物学领域。为了使它能够迅速地应用于各个领域,他们建议西门子公司建立一所电子显微镜研究所,1940 年建成后直至 1944 年底,这个研究所共发表了约 200 篇不同专业领域的文章。

二战后,鲁斯卡为西门子公司重建了在柏林的电子光学实验室,使其自 1949 年起重新开始生产电子显微镜,有超过 1200 家的各国研究所使用他们的产品。除此之外,鲁斯卡开始更多地在科学研究所工作,以加大对电子显微镜的物理学研究。1947 年 8 月至 1948 年 12 月在德国科学学会医学和生物学研究所工作,1949 年 1 月起接手马克斯·普朗克学会弗里茨·哈伯研究所的电子显微镜部门,直至 1974 年底退休,这个部门在 1957 年成为独立的电子显微镜研究所,并以鲁斯卡的名字命名,鲁斯卡也在此前的 1955 年辞去了西门子公司的工作。

1944 年鲁斯卡在柏林工业大学获得大学任教资格,1949 年成为柏林自由大学的教授,1959 年起在柏林工业大学任教,直至 1971 年,教授电子光学基础和电子显微镜技术,发表科学文章超过 100 篇。

1988 年,恩斯特·鲁斯卡在柏林逝世,葬于其弟弟赫尔穆特·鲁斯卡在柏林的墓旁。

雷纳·韦斯

引力波开启天文新时代

在一生中,我失败了很多次,但这些失败也是我的财富,从失败中我学到了许多东西。我希望年轻人不要只追求成功,也不要忘了去挑战困难。

——雷纳·韦斯

1916 年爱因斯坦在广义相对论中预言存在引力波,根据爱因斯坦的相对论,时空是可以弯曲的,有质量的物体在其中运动,就会产生引力波。这就好比石头丢进水里会产生水波,引力波因此常被称作"时空的涟漪"。但普通物体产生的这种引力波极为微弱,连爱因斯坦自己也认为很可能无法观测到。

计算机模拟产生强大引力波的黑洞图像

第二章 物理学奖

爱因斯坦发表相对论百年来，许多预言，如水星近日点进动以及引力红移效应都已获证实，但引力波一直没有被探测到。因此，引力波又被称作广义相对论实验验证中最后一块缺失的"拼图"。

2016年2月11日凌晨，LIGO（激光干涉引力波观测台）科学合作组织宣布人类首次直接探测到双黑洞并合产生的引力波事件GW150914，从此打开了一扇人类探索宇宙的新窗。

韦斯率先提出了使用激光干涉引力波这一想法，他作为LIGO项目当之无愧的老爷爷，更是该项目的带头人，获得2017年度诺贝尔物理学奖。

雷纳·韦斯

韦斯1932年9月29日出生于德国柏林，父亲是位医生。因出生于动乱时代，刚出生后不久，他便随父母奔波到异国他乡，在捷克斯洛伐克居住数年后，于1939年全家搬至美国纽约。少年时的他酷爱古典音乐和电子产品，他会购买军队剩余的配件，然后在卧室外面修理收音机。韦斯甚至同当地恶棍达成协议：如果他们在他往返于地铁站搬运收音机时能放行，他便会帮他们修理收音机。

念本科时，韦斯恋爱了，为了心爱的姑娘，韦斯甚至从麻省理工学院（MIT）退学。后来他凭借自己的努力，获得了麻省理工学院终身教职。1967年，当时的物理学教务主任要求韦斯设计一门广义相对论课程。在那时，广义相对论已被纳入数学系的研究领域。虽然是引力理论，但绝大多数人也认为它与物理学没有什么关系。

韦斯在1964年进入麻省理工学院（MIT）任教，讲授现代物理学。在1967年，韦斯讲授相对论课程，其间初次接触到引力波研究课题，从此深陷其中，不能自拔。40年前，LIGO仅仅是韦斯教授设计的一堂课堂练习。

在花费了一整个夏天研究自己的想法后，韦斯提出了使用激光来探测引力波的想法。理论加实干，韦斯很快从电子研究实验室（The Research Laboratory of Electronics，RLE）获得了美国军方资金制造1.5米长的原型探测器。但不久后由于越南战争和《曼斯菲尔德修正案》，他和团队突然失去了所有科研经费。

然而韦斯并没有放弃，他转而向其他政府和私营机构申请资助，以继续研究。除了在美国航宇局获得部分资金外，韦斯向美国国家科学基金会（NSF）的资助申请迟迟未能获得批准。

机缘巧合的情况下，韦斯认识了加州理工学院物理学家基普·索恩(《星际穿越》的科学顾问兼制片人)，并很快成为志同道合的朋友。20世纪90年代，韦斯想到了一个绝妙的点子：用激光的干涉来测量引力波。简单来说，一束激光在经过一个半透镜后朝向两个互相垂直的方向前进，各自撞上一面反射镜，反射回来重新汇聚。理论上，只要反射镜与半透镜的距离精确一致，汇聚后的激光能够由于干涉而相互抵消。而一旦引力波经过，激光走过的距离被改变，干涉现象也会因此发生变化，从而被观测到。

于是，加州理工学院和麻省理工学院开展合作，主导了两个LIGO的建设。LIGO呈现巨大的L形，每一边都有4 000米长。

美国华盛顿州汉福德镇的激光干涉引力波观测台

1990年，经过了多年的研究、报告、讲演、委员会会议。韦斯、索恩还有德雷弗说服了NSF来资助LIGO的建设。这个项目将要花费2.72亿美元，比任何NSF之前和以后支持的实验都多。其实不仅仅是资金，韦斯还遇到了其他令人头疼的困难，包括激光干涉引力波观测台地址的选择，以及组建整个科研团队。1992年，LIGO项目最终获得NSF批准的第一笔资金援助，该项目也成为该基金会当时为止资助力度最大的一个项目。时隔40多年，韦斯的坚持终于获得了回报。

2016年2月，在NSF召开的发布会上，LIGO研究者公布了LIGO在2015年9月发现了一个引力波信号。这个信号源自两个巨大的黑洞，他们经历了漫长的绕转、融合，通过引力波辐射能量，越转越近，最终合并成更大的黑洞。经过10亿年的漫长旅行，这次合并产生的一小部分引力波信号抵达了地球。LIGO在2015年9月14日探测到了这个信号，最终将它命名为GW150914。

2015年12月26日，2017年1月4日，2017年8月14日，LIGO又先后三次探测

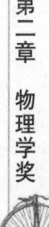

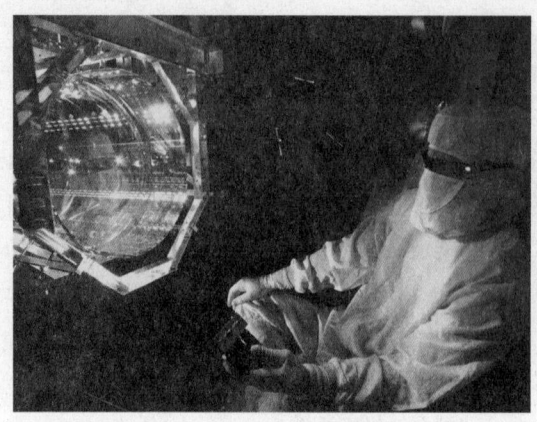

技术人员在检查 LIGO 的光学器件

到黑洞合并产生的引力波。

　　引力波开启了人们认识宇宙的新途径。通过分析引力波信号,我们可以判断出遥远宇宙中发生了什么。比如 2015 年的这次引力波事件,可以推断出两个黑洞合并前的质量分别相当于 36 个和 29 个太阳质量,合并后的总质量是 62 个太阳质量,相当于 3 个太阳质量的能量以引力波的形式在不到 1 秒的时间内释放,是宇宙中的一场巨变。引力波的发现打开了一扇新的大门,给未来增加了更多新的可能。

化学奖

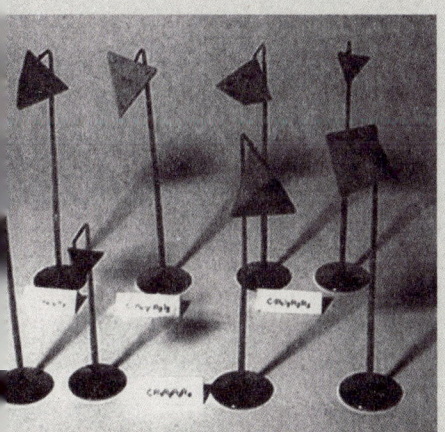

化学作为一门学科受到人们重视的历史并不长，诺贝尔无疑是当时意识到化学重要性的少数人之一，在自然科学领域，他将化学置于与物理同等重要的地位。诺贝尔奖在推动化学发展的过程中，所起的作用是难以估量的，无数科学家在探本穷源、造福人类的道路上前赴后继、无私奉献。

范特荷甫

送牛奶的化学家

一种理论，毕竟只有在它的全部预见能够为实验所证实的时候才能成立。要使大家信服，就必须有事实。

——范特荷甫

雅可比·亨利克·范特荷甫，是一名荷兰的物理化学家。他的研究在化学反应速度、化学平衡和渗透压方面取得了突出的成果，开创了以有机化合物为研究对象的立体化学，从而获得了 1901 年的诺贝尔化学奖，成为第一位获得诺贝尔化学奖的科学家。

范特荷甫像

范特荷甫出生于荷兰的鹿特丹市，家中排行老三，父亲是当地一位名医。少年时范特荷甫就对各种化学仪器有很大兴趣，他梦想将来能成为一名科学家。

上中学时，看到实验室中的各种各样的器皿，以及这些器皿中

发生的奇妙的化学变化,范特荷甫被深深地吸引了。化学课的时间是多么短暂呀!范特荷甫不得不在无法拒绝的巨大诱惑下,时常偷偷地潜入学校的化学实验室。

一次,他支起铁架台,把玻璃器皿放在上面,点起酒精灯,倒进各色的化学试剂。滚滚的浓烟冲了出来!范特荷甫有点手忙脚乱,赶紧熄了火。但一切都晚了,浓烟已经把霍克威尔老师带到了实验室门口。霍克威尔老师仔细地观察着这个正全神贯注进行实验的学生,"原来是这样……仪器安装得十分准确,烧瓶里盛的东西已经煮开了……"

"你在搞什么?"霍克威尔老师问。

范特荷甫吓了一跳,但当他看到这位一向严厉的化学老师并没有什么责怪他的意思时,就老老实实地回答道:"硝基苯。我把它蒸馏一下。"

"全都做得很准确。但是尽管这样,我还是要郑重地警告你:你的行为应该受到严重的处罚。这是很危险的行为。如果我告诉校长,毫无疑问,处理会是很严格的,尽管你的父亲在鹿特丹是个受尊敬的人。"

范特荷甫于 1904 年

幸好,霍克威尔老师念在他对科学的执着和平时良好的表现并没有向校长报告这件事,只是把范特荷甫的行为告诉了他父亲。范特荷甫的父亲作为当地德高望重的医生,对这件事感到很生气,虽然儿子是为了学习科学知识,但采取这样的方法是让人难以接受的。

不管怎样,至少这件事使范特荷甫的父亲了解了儿子的志趣,他在家里为范特荷甫腾出了一间房子,作为化学实验室。从此,范特荷甫就一头扎进了他自己的化学天地,他用平时积攒下来的零用钱和从亲友那里拉到的"赞助"购买各种化学药品和实验器皿,他把几乎所有课余时间都花在了这间小实验室里。

17 岁那年,范特荷甫中学毕业,选择什么职业呢?儿子和父亲的观点产生了冲突。范特荷甫的兴趣完全在化学上,他立志要当一名化学家。可是在荷兰,当时人们普遍存在着轻视化学的观点,他们认为化学不是正当职业,没有前途。现实也是残酷的,从事化学的人,往往还要兼做其他工作才能够维持自己的生活。因此父亲反对儿子当化学家,范特荷甫也听从了父亲的意见。1869 年他来到德尔福特高等工艺学校学习工业技术。在那里,他遇到了一位恩师,那就是在该校任教的化学家 A. C. 奥德曼斯。奥德曼斯是一个很有水平的教授,他推理清晰,讲述生动,在课堂上总是把激发学生的兴趣放在第一位,这样既有水平又富有感召力的教授当然受到了范特荷甫的热烈欢迎,他如鱼得水,只用两年时间就学完了规定三年学习的课程。跟随奥德曼斯教授学习化学的这段时间,更增强了范特荷甫毕生从事化学的信心和决心。

为找准研究的方向,范特荷甫来到德国的波恩,在著名的化学家弗里德里希·凯库勒的门下学习化学。第二年,凯库勒发现范特荷甫是一个不可多得的人才,又推荐他去巴黎医学院的武尔兹实验室。在著名化学家武尔兹的指导下,范特荷甫进步神速,这为他日后的伟大工作奠定了坚实的基础。

19 世纪中叶,范特荷甫的老师凯库勒和俄国化学家布特列洛夫等人已经建立了有机化合物的经典结构理论。但同时,人们却无法利用这些经典结构理论解释某些有机化合物具有旋光现象。针对这一问题,范特荷甫进行了广泛的实验和探索。

一天,范特荷甫坐在图书馆里看书,当他盯住视线中的一个分子凝思时,忽然联想到,如果将一个碳原子上的不同取代基都换成氢原子的话,那么一个乳酸分子就变成了一个甲烷分子。由此他想象,甲烷分子中的氢原子和碳原子若排列在同一个平面上,情况会怎样呢? 这个偶然产生的想法,使范特荷甫激动地奔出了图书馆。他在

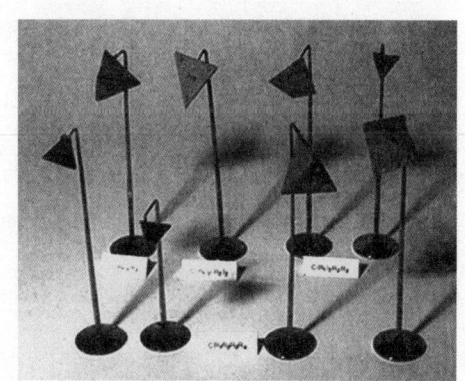

大街上边走边想,让甲烷分子中的 4 个氢原子与碳原子排列在一个平面上是否可行呢? 这时,具有广博的数学、物理学等知识的范特荷甫突然想起,在自然界中一切都趋向于最小能量的状态。这种情况,只有当氢原子均匀地分布在一个碳原子周围的空间时才能达到。那么在空间里甲烷分子是个什么样子呢? 范特荷甫猛然领悟,正四面体! 当然应该是正四面体! 这才是甲烷分子最恰当的空间排列方式! 他把自己的

放在雷登博物馆的范特荷甫
三维空间化学模型

想法归纳了一下,惊奇地发现,物质的旋光特性的差异,是和它们的分子空间结构密切相关的。这就是物质产生旋光异构的秘密所在。

范特荷甫首次提出了一个"不对称碳原子"的新概念。范特荷甫用他所提出的"正四面体模型"解释了困惑化学家很久的旋光现象。可以想象得到,这样一个全新

的理论立刻遭到了许多学者的反对，最激烈的当属德国有机化学家哈曼·柯尔比。

柯尔比还不远千里从德国来到荷兰，气势汹汹地冲进范特荷甫的办公室要与范特荷甫一比高低。范特荷甫早已经恭恭敬敬地等候他，并平心静气地陈述了自己的理论，请柯尔比用事实来批评自己的理论。

柯尔比暗暗吃惊，他刚来时的火气完全消失了，邀请范特荷甫去普鲁士科学院工作。

1901 年，诺贝尔奖委员会首次颁发诺贝尔化学奖。这一具有历史意义的荣誉该给谁呢？许多学者提名范特荷甫，第一年的诺贝尔化学奖颁发给范特荷甫，他当之无愧，这是他多年来，在化学动力学、化学热力学和溶液理论的研究上做出重大贡献而应得的崇高荣誉。

荷兰鹿特丹的范特荷甫雕像

真金不怕火炼
阿伦尼乌斯

贝采里乌斯逝世后，从他手中落下的旗帜，今天又被另一位卓越的科学家阿伦尼乌斯举起。

——克莱夫

科学史的无数事例说明，科学思想的独创性往往是与它的可接受性成反比的。19 世纪末的杰出化学家，瑞典籍人斯范特·奥古斯特·阿伦尼乌斯创立的电离学说，就曾长期被一些学术权威拒绝接受。然而，真金不怕火炼，真理终归是真理，阿伦尼乌斯最终还是赢得了胜利。

阿伦尼乌斯

阿伦尼乌斯生于 1859 年，他从小就非常聪明，很早就会读书写字了。家里的哥哥上学比他早，当哥哥放学回家写作业时，他就趴在旁边看，由于天赋过人，阿伦尼乌斯竟然自己学

第三章 化学奖

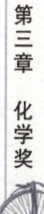

会了好多算法。后来，当父亲处理生意上的账目的时候，阿伦尼乌斯已经能够灵活运用那些算法协助父亲算账了。

从小学到中学，阿伦尼乌斯都表现出了超常的能力，课本上的知识对他来说太简单了，他常常自己看许多课外书，他最感兴趣的科目是数学、物理、生物和化学，他的这些科目成绩特别优异。

阿伦尼乌斯17岁便中学毕业了，他考取了斯德哥尔摩大学。在大学里，他继续发挥超人般的能力和强劲的学习势头，尤其是在自己喜欢的数学、物理、化学等理科课程上。他只用两年就通过了学士学位的考试。1878年开始专门攻读物理学的博士学位。在学习中，他对电学的兴趣越来越浓，他认为电的能量是无穷无尽的，里面蕴藏了无穷的奥秘等待他去发掘。

瑞典国内电化学的领军人物都集中在首都斯德哥尔摩，1881年，阿伦尼乌斯拜物理学家埃德伦德教授为师，进行电学方面的研究。埃德伦德教授是瑞典皇家科学院院士，在电化学领域具有很高的学识，对电化学有着深刻的理解。阿伦尼乌斯的天赋以及勤奋不久就引起了埃德伦德教授的注意，很快阿伦尼乌斯便成为教授的得力助手。在电化学领域中，他对把化学能转变为电能的电池很有研究兴趣。

电离理论的创建，是阿伦尼乌斯在化学领域最重要的贡献。在19世纪上半叶之前，科学界流行的观点是法拉第提出的，他认为溶液中"离子是在电流的作用下产生的"。但是那时已经有人提出了一种新的观点，那就是电解质在溶液中产生离子。这给了阿伦尼乌斯很大启发，他决心证明这种假设。他紧紧地抓住稀溶液的导电问题不放，把电

阿伦尼乌斯(左一)与
范特荷甫(右二)等在一起

导率同溶液的化学性质联系起来，用化学观点来说明溶液的电学性质，这是阿伦尼乌斯独具慧眼的地方，因为在他之前，大家都是分开研究电学和化学，却很少有人把两者结合起来思考。在这样的伟大思想的指引下，1883年5月，阿伦尼乌斯阐明了电离理论的基本观点。他认为：电解质在溶液中具有两种不同的形态，一种是非活性的分

子形态，另一种是活性的离子形态。当电解质溶于水后，部分分子就分解为离子，这些离子是活性的形态；但是另外一部分还是保持着原来的形态，是没有活性的。这样一来，就很容易解释电解质水溶液在稀释时导电性增强的原因，因为当溶液稀释时，原来那些没有融解的分子继续溶解，变为活性的离子形态，这样活性离子的数量增加的结果是溶液导电性的增强。

阿伦尼乌斯画像

阿伦尼乌斯的理论不但清晰地解释了电解质稀释过程中导电性增强的原因，更重要的是，这一理论突破了法拉第的传统观念，将人们从法拉第的阴影中解放出来，换了一种方式思考。阿伦尼乌斯把自己的研究成果和新的创见写成两篇论文，题目分别是《电解质的电导率研究》和《电解质的化学理论》。

这两篇论文的主要内容集中起来就是阿伦尼乌斯博士论文的主要部分，可是当作为学位论文送交乌普萨拉大学时，却引起了一场风波。在博士论文公开的论文答辩会上，正反两方产生了激烈的争论。要命的是，许多著名学者对电解质在水溶液中自动电离的观点都不能接受，他们认为阿伦尼乌斯的实验数据有问题，经不起考验。几经商榷，最终答辩委员会勉强给了阿伦尼乌斯一个及格分 3 分，让他通过了博士论文答辩。

阿伦尼乌斯并不甘心自己的成果就这样被否定掉，他就把自己的论文分别寄给欧洲的一些著名科学家寻求支持。幸运的是，欧洲的一些具有慧眼的科学家体会到了阿伦尼乌斯观点中的开创性见解，他们纷纷回信对其表示赞扬。其中，最为热心的要数同为诺贝尔奖得主的奥斯特瓦尔德，这位科学家对阿伦尼乌斯的工作表现出特殊的兴趣，愿意同他一起进一步研讨。1884 年 8 月，奥斯特瓦尔德专程来

电离理论是阿伦尼乌斯在化学领域最重要的贡献

到乌普萨拉大学拜访阿伦尼乌斯,奥斯特瓦尔德认为,阿伦尼乌斯的电离学说观点说明了酸起催化作用的根本原因,这是理论上的重大突破。

有了奥斯特瓦尔德等人的支持,阿伦尼乌斯更加有信心了。他先后与奥斯特瓦尔德、范特荷甫等科学家进行了广泛的合作,在范特荷甫的实验室,阿伦尼乌斯进行了一系列与电解质溶液冰点降低有关的测定,根据数据,他们将范特荷甫关于稀溶液渗透压的公式和电离理论联系起来,用电离理论予以成功的解释。此后,阿伦尼乌斯又赶到奥斯特瓦尔德领导的物理化学研究所,在奥斯特瓦尔德的帮助下进一步丰富与完善了电离理论。

阿伦尼乌斯的成功之路充满了坎坷,尽管已经明白无误地证明了电离理论的正确性,但是对一种新理论的广泛认可是需要时间的,尤其是当他要推翻的是另一位伟大科学家的理论的时候。慢慢地,人们承认了阿伦尼乌斯的智慧和丰硕成果,由于阿伦尼乌斯在化学领域的卓越成就,1903年他荣获了诺贝尔化学奖,成为瑞典第一位获此大奖的科学家。

阿伦尼乌斯漫画像

卢瑟福 获得化学奖的物理学家

在目睹整个科学史上最伟大革命的一代人中,他被普遍认为是原子内极其不定的复杂宇宙的主要探索者,他是第一个进入这个宇宙的人。

——劳伦斯

1937 年 10 月 25 日,英国伦敦的威斯敏斯特大教堂内哀乐低回,挽歌不绝。英籍新西兰科学家欧内斯特·卢瑟福的骨灰安葬仪式在这里举行。

中午,卢瑟福的灵柩由英国皇家学会主席威廉·亨利·布拉格等十位著名学者缓缓抬到公墓北部的"科学之角",葬于牛顿和法拉第的墓旁。

卢瑟福

这位与牛顿和法拉第长眠在一起的科学家,是以自己划时代的科学成就赢得人们的尊敬和怀念的。20 世纪以来,自然科学出现了向宏观宇宙和微观原子两个方向发展的大趋势。作为这两种趋势的奠基人,前者是创立了

相对论的爱因斯坦,后者则是新原子论的开拓者卢瑟福。他是世界核科学的奠基人。

卢瑟福最大的成就,来自于原子核和原子有核结构的发现。

当时科学界所流行的原子结构,是汤姆孙提出的"电子在均匀的正电球体中沿各环旋转"的原子模型。1908 年,盖革和马斯顿发现了 α 射线被金原子大角散射的现象,引起了卢瑟福对汤姆孙的原子模型的质疑。他在对大角散射的进一步研究中,产生了原子内有体积小、质量大的中心核存在的想法,并据此于 1911 年提出了一个类似于太阳系结构的原子有核结构模型。在卢瑟福提出原子有核结构模型两年之后,丹麦物理学家玻尔发表了《论原子和分子的组成》一文。该文的三个部分,即著名的"三部曲",合理地解释了核外电子沿轨道运行的稳定性问题。因此,人们把原子有核结构模型称为卢瑟福 – 玻尔原子模型。

英国物理学家卢瑟福(中)因物质结构和
放射性物质特性的研究成果而获得 1908 年诺贝尔化学奖

原子核和原子有核结构的发现,是物理学史上一个划时代的贡献。它宣告了原子核物理学的诞生,使卢瑟福成了核物理学的奠基人,也为人们深入探索原子结构打开了大门。

卢瑟福对元素反射性和原子结构的研究,为他赢得了世界性的声誉。他也因"元素蜕变和放射性物质化学方面的研究"而被授予 1908 年的诺贝尔化学奖。在授奖后的宴会上,卢瑟福幽默地说,他曾经处理过多个时期的许多不同的变化,但他遇到的最快的变化就是他自己在一瞬间由一个物理学家变成了一个化学家。

有人对卢瑟福做了仔细的研究,发现卢瑟福竟无一篇论述科学思想、科学方法和学风问题的论文。但卢瑟福却直接培养出十一名诺贝尔奖获得者,形成了自己独树一帜的科研路线。在卢瑟福所培养的诺贝尔奖获得者中,除了英国的索迪、查德威克、阿斯顿、鲍威尔、科克劳夫、沃尔顿、布莱克特七人外,还有德国的哈恩、丹麦的玻尔、匈牙利的海维西和苏联的卡皮查。卢瑟福所主持的麦吉尔大学、曼彻斯特大学和剑桥大学的实验室,被公认为是培养优秀青年科学家的苗圃。对此,人们称之为"卢瑟福学派"。难怪居里夫人在 1913 年曾劝告英国"重视卢瑟福",预言"他有希望赐给人类以不可估量的赠品"。

最能反映卢瑟福学派特色的,莫过于他的绰号"鳄鱼"所引发的故事。那是 1923 年,卡皮查获得剑桥大学哲学博士学位时,显得特别兴奋,有点忘乎所以,想同他的导师卢瑟福开个玩笑。

说来也巧,卡皮查在卡文迪许实验室门口碰到了卢瑟福,便用生硬的语气问:"卢瑟福教授,您是否发现,我看上去要比以前聪明点?"

卡皮查突然的问话,反而引起了卢瑟福的兴趣,忙问他:"为什么说你看上去聪明点?"

此时的卡皮查还是抑制不住刚刚参加学位典礼的兴奋,说道:"我刚刚被授予博士学位。"

卢瑟福一听,连忙向卡皮查祝贺,说:"对!你看上去的确比以往聪明。"说着,还仔细地打量了卡皮查,并补充了一句:"何况你还理了发呢。"随后放声大笑。

卡皮查后来说:"在鳄鱼面前,这种狂妄的行为一般来说是很冒险的。因为在大多数情况下,他会毫不客气地让你滚蛋;而在实验室中,好像只有我一个人敢冒险,在他面前如此胆大妄为。"

是卡皮查在写给母亲的信件中称呼卢瑟福为"鳄鱼"的。他为什么给卢瑟福取这样的绰号呢?原来在俄国流传一个故事,说有一群孩子流落在荒岛上,遇上一条凶狠的鳄鱼。在危急之中,孩子们让鳄鱼吞下了马蹄表。这样,只要鳄鱼靠近,便可听到马蹄表的"咔嗒"声,孩子们便迅速逃

卢瑟福直接培养出十一名
诺贝尔奖获得者

跑。卡皮查找出与此类似的情况：卢瑟福嗓门儿大，常常是人未到，声音先到。偷懒的学生一旦在实验室听到他的说话声，便赶快埋头做实验。对此，玻尔却有另一番解释。玻尔说卢瑟福早晨来时，若在走廊哼着歌曲"前进，基督的战士"，那说明实验室工作正常；若哼着挽歌，准是贵重仪器被损或遇到疑难。

不过，卡皮查公开对"鳄鱼"外号的解释是在一次庆典上。那是 1932 年 2 月的一天，以化学家蒙德的名字命名的实验室举行开室典礼。这是卢瑟福为卡皮查做高压实验而专门设立的实验室。来祝贺的人一进实验室大

1903 年卢瑟福在实验室

门就看见一个特殊的徽章，上面的图案竟然是鳄鱼。这是按照卡皮查的意思安排的，图案的作者是英国著名的雕塑家埃里克·吉尔。

78

人们望着这个怪物，百思不得其解。有人便请卡皮查解释。卡皮查振振有词地说道："这鳄鱼嘛，象征着科学。你们知道，鳄鱼是不会转动头颅的。像科学一样，它应该张开大口，吞食一切地向前进。"

究竟卢瑟福是怎样在卡皮查心目中留下"鳄鱼"形象的呢？还是拜读一下卡皮查1937 年在《化学进展》杂志 12 月号发表的题为《回忆欧内斯特·卢瑟福教授》的传神之作吧。卡皮查写道："他身材魁梧，精神矍铄，浅蓝色的眼睛总闪烁着愉快的神采。他说话中气足、嗓门儿大、声音难以压低，大家都熟知这点。根据他的语调，大家便可判断教授情绪的高低。他与人谈话，态度诚挚坦率。他一开口，你就能感受到这一点。他回答别人的问题，总是兼有简洁、明了和准确三大特点。不管你和他谈话内容如何，他听完都要做出反应。你可以和他探讨任何问题，他非常乐于随时随地发表自己的意见。"

这就是当年卡文迪许实验室兴旺的秘密，这就是欧内斯特·卢瑟福的人格魅力。难怪有人说，卢瑟福能把一个普通人造就成第一流人才，他不曾树立过一个敌人，也未曾失去过一个朋友。许多学生都同他保持终生的友谊。

奥斯特瓦尔德

很有名的化学家，很糊涂的哲学家

在科学上，在哲学上，谁也无法获得绝对真理，因为思维、研究和发现的巨流永不休止地奔腾着，我们可以怀着深深的真诚和敬意说，奥斯特瓦尔德为伟大的事业进行了持久的、勇敢的奋斗。

——唐南

从相片上来看，炯炯有神的眼睛，神采奕奕的面庞，微微发红的胡须与蓝眼睛相互映衬，浓密的头发一直梳到后头。他走起路来总是那么急速，思考问题总是那么敏锐，新的思想和新的灵感就像喷涌的泉水，不间断地在睿智的大脑里激荡。这就是弗里德里希·威廉·奥斯特瓦尔德。他

奥斯特瓦尔德

是德国的化学家，专业研究催化剂。他创造性地提出了化学平衡和反应速度的原理，此外他还发明了制取一氧化氮的方法。由于这些伟大的成就，奥斯特瓦尔德获得了 1909 年诺贝尔化学奖。

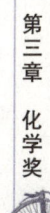

第三章 化学奖

1853 年 9 月 2 日,奥斯特瓦尔德出生于俄国统治下的拉脱维亚首府里加。他的双亲都是德国移民的后裔,父亲是以制木桶为生的手艺人,母亲是面包师的女儿。制作木桶并不是能赚钱的生意,奥斯特瓦尔德一家一直过着漂泊的清贫生活。由此奥斯特瓦尔德的父母也悟出了一条道理:知识是改变生活和命运的最有力武器,一定要让孩子变成有知识的人。

少年时代的奥斯特瓦尔德对任何科学问题都有着浓厚的兴趣,尤其是在化学领域。他在 11 岁时就模仿一本做烟花的旧书自己动手做烟花,这似乎是不可思议的事情,但是对年少的奥斯特瓦尔德来说,里面充满了吸引力。

奥斯特瓦尔德的制作过程全靠自己的摸索,他仔细分析了那本旧书,然后就着手收集各种有用的材料,他从市场上买到了硝石、硫黄和各种各样的金属粉末,这些金属粉末就是产生五颜六色的材料。必须注意的是,烟花制作是一件相当危险的事情,一不小心就会引起火灾,甚至爆炸威胁到生命。出人意料的是,奥斯特瓦尔德的父亲对儿子非常信任,他认为

奥斯特瓦尔德故居

没有危险也就失去了创造性劳动的可能。再三考虑之后,他把地下室的一间屋子专门当实验室,供儿子制作烟花使用。父母的支持给了奥斯特瓦尔德最强的信心,他经过多次试验,竟然真的制作出了烟花,而且还有许多不同的颜色。这让奥斯特瓦尔德的小伙伴异常羡慕,看着那五颜六色的烟花在夜空中飞舞,他心里也获得了极大的满足。这次实验的成功实际上给了奥斯特瓦尔德信心,让他感到了自己的能力,自己能够完成自己想做的事情。

烟花制作成功,大大地提高了奥斯特瓦尔德的兴趣,他又有了一个新的想法:制作一枚火箭。这仿佛超出了他和他的伙伴们的能力,但第一次成功的经验使他们充满信心。经过一段时间的努力,他们制作出了一枚"火箭",但这支形状奇怪的东西能否飞上天,还是个未知数。首要的问题是得找到一个发射架,不然火箭可能横着穿进邻居的窗子。经过大家认真的讨论,认为应当在烟囱里发射。实际上,他们认为这些防范措施不过是多余的谨慎,因为他们当中的任何一个人对这次实验的成功都没有多少信心。然而,火箭发射成功了,它顺着烟囱飞向了天空。

除了烟花和火箭之外，奥斯特瓦尔德还迷上过照相。要知道当时摄影技术还在萌芽期，当时的照相机可不像当今这么普遍，对一个孩子来说，动手照相就相当于现在一个十岁的孩子自己动手写程序一样困难。但是奥斯特瓦尔德做到了，他根据当时的照相机原理，自己动手制作了照相机底版和相纸，出人意料地洗出了相片。这让老师和家长万分惊奇，大家都觉得他是一个天才。

奥斯特瓦尔德兴趣广泛，他解决问题的能力和钻研问题的习惯都是在这些兴趣中培养起来的，可是他的兴趣似乎过于广泛了，因为大量课外时间的占用，以至于本来是五年制的中学，奥斯特瓦尔德却花费了七年时间才上完。许多课程他重读才能完成，广泛的兴趣成了他的拖累，在重读了很多次后，奥斯特瓦尔德勉勉强强地考上大学了。

奥斯特瓦尔德在专注地进行化学实验

1875 年奥斯特瓦尔德从多尔帕特大学毕业。1882 年受聘成为里加工业大学教授。他专业研究化学动力学。他是离子论的最早支持者，与前面提到的阿伦尼乌斯、范特荷甫合称"离子二剑客"。他的重要成果是在离子平衡原理基础上提出的酸碱指示剂理论，这一理论一直到现在也是学习分析化学必须掌握的理论之一。他对催化过程的研究是多方面的，特别是运用催化剂，他解决了化学界一个重要的问题：硝酸的合成。硝酸是一种强酸，在工业上有着广泛的用途，奥斯特瓦尔德利用催化剂使氮气和氢气在高温下反应，生成了氨；之后又利用前一步反应产生的氨，通过催化作用将氨氧化成硝酸。这一方法彻底解决了硝酸的制备问题，这在当时是非常了不起的成就。因此为了表彰他在物理化学领域的卓越贡献，

奥斯特瓦尔德画像

授予他 1909 年诺贝尔化学奖。这一崇高荣誉使其成为举世闻名的物理化学家。

但是，奥斯特瓦尔德在其一生的科学研究中，有过两次严重的错误。一件憾事是

他创立了"唯能论",反对唯物论。他认为原子论是没有道理的,相反,他认为能量才是万物的本质,世界上所有物质都是各种能量的集合。他说:钟能走动是因为人们每星期给钟上发条,可是当钟不走的时候发条照旧还在钟里,因此可见不是发条,而是藏在发条里的另一种东西使钟走个不停,这就是能量。他唯能论的观点受到许多知名科学家的批评。

另一件憾事和政治有关。第一次世界大战期间,德国由于军火生产不足,一再挫败。奥斯特瓦尔德迫于民族感的压力,发明出大量制造硝酸的新方法,这样一来,德国的军火生产得以维系,以至于战争又延长了一年多,欧洲人民的苦难又延长了一年多,这是他一生中的大错。

列宁是这么评价奥斯特瓦尔德的:"一个很有名的化学家,但也是很糊涂的哲学家。"

哈柏

天才还是魔鬼

我是罪人，无权申辩什么，我能做的就是尽力弥补我的罪行。

——哈柏

这是一位充满了争议的化学家，他虽早已长眠地下，却给世人留下关于他的功过是非的激烈争论。赞扬他的人说：他是天使，为人类带来丰收和喜悦，是用空气制造面包的圣人；诅咒他的人说：他是魔鬼，给人类带来灾难、痛苦和死亡。他就是20世纪初世界闻名的德国化学家、合成氨的发明者弗里茨·哈柏。

哈柏

哈柏1868年出生于西里西亚的布雷斯劳，父亲是犹太染料商人，染料业和化学关系密切，所以家庭环境的熏陶使哈柏从小就获得了许多化学知识。哈柏天资聪颖，在学习上更是无人能比，他曾先后到欧洲各地求学，拜著名化学家霍夫曼为师学习化学。1906

第三章 化学奖

年起哈柏任卡尔斯鲁厄工业大学物理化学和电化学教授。

19 世纪末化肥工业的出现和发展推动了农业生产的发展。但是世界人口增长对粮食的需求也日趋增大，再加上工业发展和军事上的迫切需要，氮元素的固定成了一个日益严峻的化学问题。一些有远见的化学家考虑到将来的粮食问题，为了使子孙后代免于饥饿，开始了探索大气固氮的漫长过程。哈柏就是从事合成氨的工艺条件实验和理论研究的化学家之一。

哈柏乘船去布宜诺斯艾利斯

19 世纪下半叶，科学家们就成功地在实验室里进行了由氮、氢合成氨的反应，在高温高压下利用氮和氢是能够合成氨的。但是法国同行在进行实验时，却发生了巨大的爆炸，这次事故吓走了不少科学家，但是哈柏留下来了，他决心攻克这一令人生畏的难题。

氮气和氢气的混和气体在高温高压的条件下及催化剂的作用下合成氨。

第一次世界大战中的哈柏

但应该采用多高的温度和多大的压强呢？这样的高温高压是不是在现有的条件范围内呢？进行反应是需要催化剂的，该用哪种催化剂呢？这些问题都需要耗费大力气探索，但是哈柏锲而不舍，经过不断的实验和计算，终于取得突破。1909 年 7 月 2 日哈柏在实验室采用 600℃、200 个大气压和用金属铁做催化剂的条件下，人工固氮成功，平衡后氨的浓度达到 6%，首次取得突破，经过计算，用哈柏的方法，合成氨的转化率约为 8%。8% 的转化率已经是一个重大的突破了，但是要工业化生产还不行，必须进一步提高转化率！该怎么解决呢？哈柏想出一个妙计，他认为：如

哈柏合成氨的实验仪器

果能使原料反应气体在高压下循环加工,同时从循环的气体中不断地把反应生成的氨分离出来,那么氮气和氢气的混和气体在高温高压的条件下就会继续反应生成氨气,转化率就不会是8%了,而是无穷尽的!经过证明,这个工艺过程是可行的!哈柏做到了,他成功地设计了原料气的循环工艺。这个方法就是合成氨的哈柏法。

哈柏将他设计的工艺流程交给了德国的巴登苯胺和纯碱制造公司,该公司是当时最大的化工企业,对哈柏这一流程深信不疑。终于在1913年底,哈柏合成氨的梦想得以实现,巴登公司在德国奥堡建成世界上第一座日产30吨合成氨的工厂。

哈柏画像

哈柏的发明震动了全球化学界,并产生划时代效应。他的发明使大气中的氮变成生产氮肥的、永不枯竭的廉价来源,从而使农业生产依赖土壤的程度减弱。哈柏因此被称作解救世界粮食危机的化学天才。这是具有世界意义的人工固氮技术的重大成就,是化工生产实现高温、高压、催化反应的第一个里程碑。合成氨的原料来自空气、煤和水,因此是最经济的人工固氮法,从而结束了人类完全依靠天然氮肥的历史,给世界农业发展带来了福音;为工业生产、军工需要的大量硝酸、炸药解决了原料问题。在化工生产上推动了高温、高压、催化剂等一系列技术的进步。合成氨的成功也为德国节省了巨额经费支出,哈柏一举成名。

这样伟大的成绩获得诺贝尔奖是当之无愧的,但是哈柏获奖,引发最为广泛的争议,一些科学家,尤其是英法两国的科学家认为哈柏没有资格获取诺贝尔奖,甚至当时获得诺贝尔奖其他奖项的科学家拒绝与哈柏同台领奖,原因

哈柏和爱因斯坦

第三章 化学奖

何在呢？其原因在于哈柏在第一次世界大战中的表现。

作为合成氨工业的奠基人，哈柏深受当时德国统治者的青睐，他数次被德皇召见，委以重任。第一次世界大战爆发后德皇为了征服欧洲，要哈柏全力为他研制最新式的化学武器，哈柏首先研制出军用毒气氯气罐。1915 年 4 月，根据哈柏的建议，德军把装盛氯气的钢瓶放在阵地前沿，借助风力把氯气吹向敌阵。这股毒浪使英法军队士兵普遍感到鼻腔、咽喉不适，紧接着就是一些人窒息死亡。这样的战斗英法士兵从来没有见过，他们被吓得惊慌逃跑，大败而归。据估计，15000 人在这次战斗中受害。哈柏的建议拉开了军事史上使用杀伤性化学毒剂的序幕，此后，化学战就成为战争的一种，受到世界各国爱好和平的人的一致谴责。使用化学武器是一种极其不人道的行为，应该受到禁止。哈柏受到世人的强烈谴责，其功绩也因此蒙羞。

哈柏纪念邮票

1919 年，瑞典皇家科学院考虑到哈柏发明的合成氨对全球经济巨大的推动作用，决定给哈柏颁发 1918 年唯一的诺贝尔化学奖。消息传来，全球哗然。一些科学家指责这一决定玷污了科学界。但也有一些科学家认为，科学总是受制于政治，科学史上许多发明既可用来造福人类，也可用于毁灭人类；哈柏发明合成氨，可以将功抵过。

哈柏研究所

鲍林 不仅是一位杰出的科学家

为了建立一个永恒美好的世界，我献出了毕生的精力。开始，我从比较简单的方面——物理学和化学入手，接着向比较复杂的学科——生物学、医学以及人类社会学发展，进而向更高级的方向去探索。

——鲍林

在诺贝尔奖 100 多年的历史中，能够两次获奖的只有四个人，鲍林是其中之一；而能够两次独自获奖的，就只有鲍林一个人了。他由于运用物理学的量子力学来研究化学的分子结构，特别是在化学键方面的贡献，获得了 1954 年度的诺贝尔化学奖；又因致力于核武器的国际控制和发起反对核试验的运动，获得了

鲍林

1962 年的诺贝尔和平奖。他不仅是一位伟大的科学家,还是一位伟大的和平战士。

鲍林于 1901 年 2 月 28 日出生于美国俄勒冈州波特兰市。父亲赫尔曼是药剂师。鲍林永远都不会忘记 12 岁那年发生的一件事。那是在他上中学的时候,学校里已经开始教授科学知识了,但是这些课程中没有化学这一门。鲍林有一个同他一样热爱科学、无话不说的好朋友杰弗瑞斯,鲍林是从他那里知道化学这门科学的。有一天下午放学后,杰弗瑞斯邀请鲍林到他家中参观他自制的简单化学器皿和他收藏的化学药品。杰弗瑞斯把各种颜色的粉末混合起来制成溶液,然后吹出五颜六色的泡泡;他还向鲍林展示了他的拿手绝活,把糖和氯化钾搅和起来,然后滴入硫酸——火焰一下子蹿了出来。看到这一切,鲍林被彻底征服了。

就从这一天下午开始,鲍林迷上了化学,并下决心要成为一个化学家。后来他在回忆录中写道:"现在回想起来,当时对自己触动最大的就是意识到物质并不是永恒不变的……在化学中,事物可以发生变化,发生令人惊讶的变化。"鲍林把这一天下午视为自己化学生涯的开端,而且他这种对化学的热爱和迷恋持续一生。

1917 年秋天,16 岁的鲍林拿着俄勒冈国立学院的入学通知书,离开家乡向着他的化学

鲍林和妻子合影

家的目标迈进。在他刚刚念完大学二年级的时候,竟收到了俄勒冈国立学院的聘请书,聘请他担任自己在半年前才刚刚学完的定量分析课的全职助理讲师,教大学二年级的学生定量分析课程,月薪 100 美元。聘请一个刚刚念完大学二年级的学生教大学二年级学生,这在今天来说简直是天方夜谭,但这却是真的,就连鲍林本人都觉得难以置信。虽然当时由于战争师资缺乏,但如果不是因为鲍林的学习成绩优异,这机会也不会轮到他。

鲍林的学习成绩无疑是班上最优秀的,他轻而易举地通过了同学们都认为很困难的一年级和二年级的工程、化学以及数学等课程的考试,同学们对他的学习成绩感到惊讶,他的智力也让教授们惊为天人。

鲍林认真研究如何搞好教学,想方设法在课堂上抓住学生的心,而他在二年级时的化学知识已经与大多数教授不相上下了。学生们对他讲的课相当满意,以至第一个学期结束后,学生们联名向系里提出继续让鲍林上定量分析课,而系领导也乐于把

其他几门课交给他。一位鲍林大学时代的同学回忆说："那时，同学们常常七嘴八舌地议论，'呵，真棒！他知道的比教授还多，课也比他们上得好'。"就在那时他已经被看作是一个了不起的人才了。

鲍林最终成为一个结构化学的巨匠，他在结构化学领域内提出了一些新术语、新概念和新规则，使得结构化学规范起来，并具有一些统一的研究标准和研究方法，使得结构化学的研究能够顺利开展下去。1954 年，诺贝尔评奖委员会授予鲍林化学奖，因为鲍林在结构化学领域内的化学键理论方面的突出贡献。在鲍林的化学键理论中最有影响的是杂化轨道理论，一项重要的成就是共振论的提出。鲍林还是第一个提出蛋白质分子具有螺旋结构的人。

鲍林不仅是一位杰出的科学家，还是一位关心国际政治的社会活动家。他支持进步势力，积极维护世界和平，反对非正义的战争。

1945 年 7 月 16 日，美国在新墨西哥州的洛斯阿拉莫斯成功地爆炸了第一颗原子弹。1945 年 8 月 6 日和 9 日，美国分别往日本广岛和长崎投下了两颗原子弹，两市日后的惨状让人们意识到原子弹的无穷祸害，科学家们也从

玻尔和鲍林

这次战争中清醒过来，认识到科学不仅是人类进步的源泉，也是制造噩梦的杀手，于

鲍林手持磺胺分子模型留影

是，许多科学家开始呼吁和平，反对核武器。在反核的活动中，鲍林以战斗者的姿态站到了反核浪潮的潮头。

由爱因斯坦发起，鲍林同另外几位科学家一起，于 1946 年成立了"原子科学家紧急委员会"。从此，鲍林开始不断地到各地发表演说，接受记者采访，向各国政界上书，宣传核武器对人类发展的巨大危害。1952 年，他在纽约市卡内基会堂发表演说指出："要使美苏两国和平相处，并不一定要求他们有同样的社会和经济制度。需要做的仅仅是，美国人民和苏联人民应该互相尊重，共同为社会的进步而努力，

而且双方都应该认识到,战争已使他自己最终失去了作为人类命运仲裁者的资格。"

1952 年 11 月,美国进行了氢弹试验;次年,苏联也成功地进行了氢弹试验。1955 年 6 月,鲍林与另外 51 名诺贝尔奖获得者发表宣言,反对美苏发展氢弹武器。

1958 年 1 月,鲍林向联合国秘书长哈马舍尔德递交了一份呼吁书,建议缔结一项国际性协定,停止核武器的试验。呼吁书说:"每一次原子炸弹试验,都会使全世界各地放射性元素的数量大大增加,而每增加一些放射性物质,都会使全世界人类的健康受到损害。"在这份呼吁书上,2000 名美国科学家和另外 49 个国家的 8000 名科学家慎重地签上了自己的名字。鲍林因为这一行为再次受到美国参议院国内安全小组委员会的传讯。一些议员威胁要以蔑视国会罪对他起诉,但他没有屈服,继续从事他的和平事业。1959 年,鲍林以美国代表身份,出席了在日本东京举行的第五届禁止原子弹、氢弹世界大会;1962 年,鲍林分别写信给苏联领导人赫鲁晓夫和美国总统肯尼迪,再次敦促他们停止核试验。

90

鲍林站在书架前指点化学模型

由于鲍林和一些科学家的努力,世界人民都知道了一些有关核武器的真相,各地的反核浪潮高涨起来,反对核武器试验的游行活动不断。鲍林和其他科学家以及他们的支持者的努力没有白费,1963 年 8 月,美、苏、英三国终于在莫斯科签署了《部分禁止核试验条约》。

鲍林因唤起了公众对核试验所释放的放射性物质危险性的注意,而获得了 1962 年诺贝尔和平奖。

桑格

DNA 密码的破译者

我喜欢做别人没有想到的事，而不是和别人竞争谁先完成预定的计划；我偏爱把精力集中在实验研究上，而不是取得最终结果。

——桑格

接触过生物化学这个领域的人，没有一个会不知道鼎鼎大名的桑格。弗雷德里克·桑格是英国的生物化学家，于 1958 年和 1980 年两度获得诺贝尔化学奖。桑格的主要贡献是胰岛素分子结构的测定和 DNA 顺序的测定。蛋白质是生物体构造的基础，桑格解决了蛋白质中的基本单元——氨基酸的排列顺序的问题，首次测出了一个蛋白质分子的氨基酸序列。

桑格

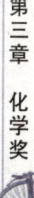

第三章 化学奖

而 DNA 的核苷酸排列顺序蕴藏着生命的遗传密码,发明测定 DNA 序列的方法,就相当于掌握了生命的密码。桑格的工作,使得生物化学向前迈出了大大的一步。

弗雷德里克·桑格 1918 年 8 月 13 日出生于英国格洛斯特郡伦德库姆村。他与他父亲有着一模一样的名字,母亲是一个富裕棉花商的女儿。老桑格曾获得博士学位,是伦德库姆村的一位医生,并是从事医药研究的学者。

受哥哥的影响,桑格从很小就迷恋上了生物学。他们采集和制作动植物标本,阅读生物学的科普书籍。然而桑格在学校并不是一个出类拔萃的学生。虽然他热爱生物学,他在这方面的知识和水平远远超出了同龄的孩子,然而生物学并不是学校所要考核的课程,这对于提高他的学习成绩没有多大帮助。

桑格花了十年的时间弄清了胰岛素的结构

由于成绩一般,桑格中学毕业后没有取得任何一所学校的奖学金,但在母亲的资助下,他还是顺利地迈进了剑桥大学圣约翰学院。在这儿,他听了人生中的第一堂生物化学课,这门课用化学解释生命现象,并为许多医学问题提供科学的解释,一下子就攫住了桑格的心,使桑格感受到了生物化学的魅力。从此,他徜徉于生物化学领域并乐而忘返。

1943 年,桑格获得博士学位,留校从事教学和研究工作。桑格加入切尔布纳的研究小组,开始蛋白质特别是胰岛素的研究。当时,英国化学家马丁已经开发出用滤纸分离氨基酸的方法,这使得测定生命物质基本成分的精密化学结构真正成为可能。马丁后来因此项研究及其他研究成果荣获了 1952 年诺贝尔化学奖。

当时,切尔布纳和其他科学家已经发现胰岛素分子是由 51 个氨基酸组成,并推断出它的长链的末端一个氨基酸为苯基丙氨酸,但各种氨基酸在链中是以什么样的序列位置连接到一起的,当时还没有人弄清楚。桑格决定对此进行研究。

这期间,桑格经历了多次失败和挫折,有几位助手因耐不住寂寞离他而去,但桑格本人却不为所动。因为他认为"科学研究最大的乐趣之一就是你总是可以进行一些不同的尝试……我在计划遭受挫折时从来不着急,我会开始设计下一次实验,整个探索的过程都充满了欢乐"。

前后经过 10 年的努力,桑格终于在 1953 年弄清楚了胰岛素的全部结构,绘出了胰岛素分子精确的结构图。这是人类历史上第一次完整地搞清一个蛋白质大分子中氨基酸的顺序,并且使人工合成胰岛素成为可能,为此桑格荣获 1958 年诺贝尔化学奖。

此前,桑格在人才辈出的剑桥大学几乎是默默无闻的,连教授的头衔也没有。诺贝尔奖给桑格带来了巨大的荣誉,一连串的头衔和职务接踵而至,这反倒让他感到不习惯了。在经过授奖及一系列的庆祝活动之后,他激动的心情渐趋平静。他推辞了伴随诺贝尔奖而来的一系列任命,努力不让行政职务成为束缚自己手脚的枷锁。桑格进取的步伐并没有停歇,习惯于潜心搞研究的他把诺贝尔奖当作激励自己继续前进的鞭子,而把荣誉和掌声都当作过眼云烟。

桑格两次获得诺贝尔奖

那时,英国医学研究委员会在剑桥大学建立了新的分子生物学实验室。1962 年,桑格进入该实验室工作,结识了来自卡文迪许实验室的生物物理学家克里克、生物学家肯德鲁、生理学家赫胥黎、生物化学家克鲁格等人。这是一批顶尖的科学精英,已是或将是诺贝尔奖的获得者,而且个个都与核酸有些关系。处于这样一群核酸的研究者中,桑格对核酸的兴趣也越来越大,并且终于决定将脱氧核糖核酸(DNA)分子中核苷酸的排列顺序和核糖核酸(RNA)分子中碱基排列顺序作为自己的下一个研究目标。目标一经确定,桑格便一头扎进研究之中。

1966 年,正当桑格领导的研究小组测定 RNA 碱基排列顺序的课题接近大功告成之际,却传来了印度裔美国生物化学家 H. 霍拉纳首先完成了 RNA 碱基排列顺序的测定工作(霍拉纳后来因此项研究成果荣获了 1968 年的诺贝尔生理学或医学奖)。这意味着桑格从事了多年的研究工作即使取得成功,也将成为"二手货"。但桑格本人却没有气馁,仍然对自己的研究充满了信

桑格在 DNA 模型前

心。因为他认为自己所采用的测定方法与霍拉纳的不同,更先进更有效,是前人没有

采用过的新方法,这本身就具有非同寻常的意义。即使不能抢先测定出 DNA 核苷酸和 RNA 碱基的排列顺序,也可以为后人探索生命遗传的奥秘提供一种新的技术手段。测序是一项需要长期付出艰苦努力的工作,如果没有踏踏实实的工作作风,如果急功近利,是不可能完成这项马拉松似的漫长工作的。事实上,也确实很少有人能像桑格那样坚韧不拔地走下去,半途而废的人比比皆是。因此,谁能坚持到最后,胜利就有可能属于谁。桑格在测序这场马拉松赛跑中整整跑了 15 年,才终于取得成功。

桑格发明了测定 RNA 碱基排列顺序的"酶解图谱法"和测定 DNA 核苷酸排列顺序的"直读法",并在 1977 年测定了细菌病毒 φχ – 174DNA 分子全部 5386 个核苷酸的排列顺序。桑格的方法可使用很少的 DNA 或 RNA,即比较容易地测定出其核苷酸或碱基的排列顺序,为破译 DNA 和 RNA 密码、解开生命遗传之谜开辟了阳光大道。为此,桑格又一次荣获诺贝尔化学奖。

从我父亲那里，我懂得了真诚地工作在我所做的事情上的重要性，即使在小小的进步面前，也要坚持不懈地坚持下去。

——田中耕一

95

田中耕一2002年获得诺贝尔化学奖，是日本第12位诺贝尔奖获得者。与以往的诺贝尔获奖者相比，田中的经历非常平凡，因而也显得特殊。田中耕一在得奖前就是个最底层的小职员，生活很清贫。学生时代也没表现出什么天赋，田中毕业于东北大学工学部电气工程专业，与化学、生化等领域完全无缘，还曾挂科留级。他既非教授、亦非博士，连硕士学位也没有。

田中耕一1959年出生于日本富山县首府富山市，1983年获日本东北大学学士学位，毕业后田中的第一志愿是去索尼公司，但第一轮面试就被淘汰了。然后去了第二志愿岛津制作

田中耕一的故乡日本富山

所,还被迫从电气工程转到化学,默默地做着一个底层的研究员。由于其貌不扬、不善交际,他的职场之路也并不顺利。

田中是总部设在京都的岛津制作所的普通工程师。岛津制作所是一家生产科学测试仪器的公司。学物理、化学和生化等专业的人也许听过它的名字,但在日本该公司只能算一家不大有名的中小企业。

田中几乎没有发表过什么论文。仅有的几篇也只是发表在不是很重要的会议和杂志上。他与日本学术界几乎没有任何交往,以至获奖的消息传来时,日本学术界措手不及。在电视台采访2001年的诺贝尔化学奖获奖者名古屋大学野依教授时,该教授透露他刚与2000年的获奖者白川教授联系过,都不知道田中耕一是谁。最后,该教授只能结结巴巴地说:"这说明只要自己努力,不在学术界活跃也能得到诺贝尔奖。"与田中有一面之交的另一位教授也找不到话来称赞他,只是笼统地说:人很老实,工作热心。再问如何相识时,原来教授也只是因为买了岛津制作所的分析仪器,听过一次田中的产品介绍。

田中那时才工作两年,公司为了开发新仪器派遣田中作为实验人员参与研发工作,他所在的小组负责研发测定生物大分子质量的技术。1985年2月的一天,在要测量维生素 B_{12} 时,田中犯了一个非常低级的错误,一不小心把甘油当作丙酮醇与金属超细粉末混在了一起。稍具中学化学知识的人都知道,甘油在温室下是黏度很大的液体,生物学家通常用它来保藏菌种。因此甘油根本就不是常用溶剂,与有刺激气味的丙酮醇有着很大区别。田中"不幸"将甘油倒入金属超细粉末和维生素 B_{12} 混合物的瞬间,他立刻意识到了这个"重大失误"。

因为金属超细粉末很贵重,田中耕一觉得扔了太可惜,就决定试一下。为了早一点看到结果,他还没有等到甘油变干就去测定。结果出乎意料的事情发生了——维生素 B_{12} 的分子量检测到了。而等到甘油变干再去测定,却又无法测定了。正是这个偶然的失误才成就了田中耕一的诺贝尔奖。

田中耕一

这一方法后来被称为"软激光脱着法",对生物化学领域起了巨大的推动作用。质谱分析法是化学领域中非常重要的一种分析方法,不过,最初科学家只能将它用于分析小分子和中型分子,由于生物大分子比水这样的小分子大成千上万倍,因而将这种方法应用于生物大分子难度很大。

而田中发明的方法让使用质谱分析法来分析生物大分子成为了可能。

对于这一切,田中也没有觉得是改变世界的大发现。

也是到了两年后的1987年,28岁的他在由京都工艺纤维大学主办的一次关于分子质量测定的会议上口头陈述了他的发现。他当时28岁。据出席过会议的人士介绍,他的方法并没有受到太大的重视。一方面是他的方法只适用于少数大分子;另一方面则是当时普遍认为大分子的离子化即使可能也是极其困难的。最后次年在一位教授的积极劝说下,他才在欧洲一家自然科学杂志上发表了学术论文。正是这篇关键的论文使这个意外变成了诺贝尔奖的种子。

到了90年代初,解析人类遗传因子的热潮兴起,这使得测量蛋白质质量成为研究的必需。德国学者对田中的方法做了改进,使之适用于大量的其他分子。美国的学者也对他的方法表现出了极大的兴趣,加州大学有两位学者曾专程到日本与他交流并要求合作。正是这些学者在自己的论文中介绍了田中1987年的原始论文,从而成为此次获奖的一个重要依据。

田中在随后的这些年里,根据自己的想法设计了分析仪器,连同分析方法一起申请了专利,并获得批准。这些产品已为公司创造了相当于1亿人民币的利润。

费林加

发明了世界上最小的机器人

也许化学的力量不仅仅是理解,还有创造,创造那些从未存在过的分子和物质。

——费林加

2016 年度诺贝尔化学奖授予了让－皮埃尔·索瓦、詹姆斯·弗雷泽·司徒塔特和伯纳德·费林加,他们做出了只有头发丝千分之一粗细的分子机器。他们成功地将分子连在一起,共同设计了包括微型电梯、微型电机还有微缩肌肉结构在内的分子机器。

三位获奖者完成了分子机器设计与合成的"三步走":让－皮埃尔·索瓦在 1983 年就朝开发分子机器迈出了第一步,他成功将两个环状分子连接起来制作出一种链状物质——索烃。弗雷泽·司徒塔特在 1991 年完成了第二步,他制作出了轮烷。他将一个分子环穿入一个细的分子轴,证明了环状分子能随轴运动。基于轮烷他制作出了分子升降机、分子肌肉和基于分子的电脑芯片。伯纳德·费林加是首位开发了分子马达的科学家。1999 年,他研制了一个分子转子叶片,叶片能够朝着同一方向持续旋转。这个马达可以让一个 28 微米长、比马达本身大 1 万倍的玻璃缸旋转起来。至此,分子机器动起来了。也是费林加,让分子机器人的出现成为了可能。

伯纳德·L.费林加1951年出生于荷兰 Barger – Compascuum,从小在农场长大,被化学无尽的创新机会所吸引,选择了研究化学。1978年从荷兰格罗宁根大学获得博士学位,现为荷兰皇家科学院副主席、科学基金化学部董事会主席、Stratingh 化学研究所所长。

费林加

费林加教授今年68岁,是第一个研发分子马达的人。许多人都觉得科研是一件很枯燥的事情,在费林加教授眼中却不是这样,"讨论学术的时候,他仿佛不会累,永远充满着激情。"

费林加教授非常忙,经常外出开会,但只要他在办公室,门口永远都有准备和他讨论课题的学生,排队是常事。费林加教授出国开会,坐十几个小时的夜班飞机,早晨回到荷兰做的第一件事不是休息,而是回实验室工作。就是凭借这种执着的科研精神,费林加教授成功开发出了分子马达,使分子机器成为现实。

"机器无处不在。"费林加说。电动马达、燃油马达等都是体积较大的机器,然而,在人们的身体中,也有生物型的机器和马达,"正是有了它们,人们才能活动肌肉,细胞才能工作,"他指出,"这些是纳米级别的马达",只有十亿分之一米,比微米要小千倍。

费林加的研究正是立足于此。他说,研究者要做的就是纳米级别的马达和机器,和人体内的生物马达有相似的尺寸大小,但又有区别,"是用软物质来制造的,属于合成的马达"。

在1999年,当费林加造出第一个分子马达时,他用了若干妙计使得它只朝同一个方向旋转,并保持此方向不变。正常情况下,分子的运动是随机的,一个旋转的分子向左与向右转动的概率大体相同。但费加林通过机械构建,设计出了一种分子,让其只朝一个特定方向旋转。在2014年,费林加的分子马达的旋转速度达到了每秒1 200万转。2011年时,研究组还制造了一个四轮驱动纳米车,一个分子底盘将4个马达连接在一起,来作为车轮使用。当车轮旋转时,纳米车就在表面上向前行驶。

就像19世纪30年代,当电动马达被发明出来时,科学家未曾想过它会在电气火车、洗衣机、电风扇上被广泛应用。而分子机器正如当年的电动马达一样,未来很有可能将被用于开发新材料、新型传感器和能量存储系统等。

第三章 化学奖

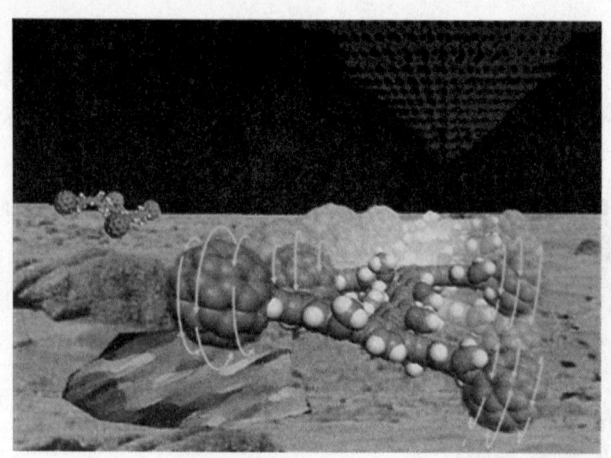

由分子马达驱动的纳米车

分子机器是指在分子层面的微观尺度上设计开发出来的机器,在向其提供能量时可移动执行特定任务。诺贝尔奖评选委员会在声明中说,这三位获奖者发明了"世界上最小的机器",将化学发展推向了一个新的维度。

费林加在现场电话连线时说,得奖消息令自己很"震惊",同时感到荣幸。他表示,荣誉属于全体科研合作者,大家共同努力才成就了如此骄人的成果。费林加对其获奖成就解释说:"一旦在分子层面控制了运动,就为控制其他各种形式的运动提供了可能。这一研究成果为未来新材料的研发开启了广阔前景。"

就像人的生命一样,人体内的分子可以从食物中获取能量,进而推动人体的分子系统远离平衡态,向更高水平的能量状态发展,这样人体才有可能利用这些能量推动肌体正常工作,维持生命。而一旦人体处于化学平衡态,人就会死亡。

生理学或医学奖

第四章

人类是天地间最具智慧的生物，在探索世界的同时，也总是在关注与探索自身的奥秘：人类是如何繁衍生息的，疾病是如何产生的，血液分为哪几种类型……人类探索自身的历史，也是对抗疾病、战胜病魔的历史，随着谜底一个个被揭开，人类生活得更自信、更健康！

生理学之父
巴甫洛夫

巴甫洛夫在动物生理学研究界被尊称为"生理学之父"，主要是因为他一生中最主要的一个科学贡献，就是发现了高级神经活动的规律。也许略知生理学的人都知道，高级神经活动主要有两种形式，即第一信号系统（由现实存在的具体刺激直接引发的条件反射）和第二信号系统（由语言等

巴甫洛夫一家

刺激形式间接引发的条件反射）。人类在高级神经活动上与动物有着明显的差别，第二信号系统是人类独有的，尽管动物和人都具有第一信号系统。很多人也称巴甫洛夫为"科学的苦工"，这源于这位生理学家的一句名言："要做科学的苦工！"

巴甫洛夫是俄罗斯人。1849年，他出生在俄国中部的一个小城梁赞城。巴甫洛夫全家都为教会工作。不过，他们中的大部分人都是担任比较低级的职位，无非是做一些朗读圣经的工作。巴甫洛夫的父亲是家族中第一个做得比较出色的，他从教会学校毕

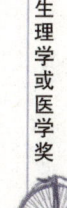

业后当上了教父并且在这个职位上做得非常好。

自然，在父亲看来，儿辈受教育也不外乎是宗教中学。作为长子的巴甫洛夫 11 岁时入了梁赞神学校一年级，将要学习的是神学和文化课的入门课程。父亲对巴甫洛夫的期望值非常高，希望他从神学校毕业后做一名神父，然后就可以接管自己的教区了。

一次，在《医学通报》上出现了著名科学家谢切诺夫的文章《脑的反射》。这篇文章的观点非常独特，提出了很多新颖的看法和见解，让人耳目一新。但在当时发表这种文章的人是要被法院起诉的，因为保守的教会认为这种文章是反动的，写这种文章的人就是要推翻宗教学说。

从小到大都是接受宗教教育的巴甫洛夫，在看到这篇文章之后，不禁怀疑起宗教学说的正确性。到底哪种说法是正确的呢？他被"反射学说"的理论深深吸引了。也许当时的他料想不到，日后他正是受谢切诺夫提出的学说的吸引而在探索大脑功能的领域卓有建树的，谢切诺夫的理论成为他的学说的基石。很多年以后，当上了院士的巴甫洛夫在纪念他的导师诞生一百周年大会上所做的演讲中，将谢切诺夫誉为"俄罗斯生理学之父"。而在现在的生理学界，人们一般将 19 世纪称作谢切诺夫世纪，将 20 世纪称作巴甫洛夫世纪。

一次，在公开辩论"灵魂中是否也存在人类的规律"这一题目时，巴甫洛夫讲述了下面的结束语："因此，上述这一切证明，从本质上讲，灵魂是与身体无关的，不从属于也不可能从属于人世的肉体规律。对于灵魂来说，除神的天命规定的规律以外，不存在任何其他的规律。"教会的神职人员对于巴甫洛夫的这番话感到非常愤怒："即将成为神职人员的人怎么能怀有这样的思想呢？这叫我们怎么把教父这么重要的职位授予他呢？不，这样的人坚决不能进教会！"老巴甫洛夫也对儿子的叛教思想感到非常诧异，不知何时事情竟已发展到如此难以挽回的地步。他赶忙找儿子详谈，令他更加意想不到的是，儿子已经打定主意不再念宗教小学了，而是要去专门学习自然科学。

1870 年，20 多岁的巴甫洛夫终于如愿以偿地进入圣彼得堡大学学习生理学。他学习非常用功，博览群书，知识面很广。他的成绩非常优秀，在毕业时荣获学校颁发的金质奖章。后来，他进入了军医学院继续学习和研究，在这所学院中一待就是四十几个春秋。

在当时，随着科学技术的进步，生理学和解剖学方面的发展，人体各部分的结构已经研究得比较清楚。但对于脑和各个内脏器官功能的原理，以及高级神经活动规律，人们就不知从何下手了，因而进展非常缓慢。

巴甫洛夫一直希望能设计这样一个实验，实验者能够直接观察和监测内脏器官的活动情况。一个偶然事件的发生给了巴甫洛夫这样的机会。有一个猎人在打猎的时候猎枪不小心走火，一颗子弹射入了腹部，射穿了胃部。手术之后性命保住了，但伤口一直都无法愈合，只能在胃部的洞上接一根瘘管。有意思的是，医生可以通过这根瘘管清晰地看到病人胃部的活动情况。巴甫洛夫知道这个事件后灵机一动：自己也可以通过瘘管来对动物的内脏器官活动情况进行观察。

专注阅读的巴甫洛夫

巴甫洛夫的实验是这样开展的。他将实验对象——狗也接上了这样一根胃瘘管。之后，他将狗的食管切断，再将形成的两个断头分别接到狗的体外。他向狗喂食物时，狗不断地吃下食物，由于食管被切断，已经咽下的食物只能从断处流到狗的体外，而并不能进入狗的胃部。但是这时发生了一件非常有意思的事，尽管胃中并没有食物进入，但只要狗的嘴一开始咀嚼，胃就会分泌胃液，分泌的胃液就从胃瘘管不断地滴下来。这个实验叫作"假饲实验"。这个实验的结果说明了胃液的分泌并不是受食物直接刺激的结果，而是在大脑控制下的活动。得到了这个结论之后，巴甫洛夫又有了进一步的想法，他希望能够进一步地探索大脑对神经活动的调控规律。

巴甫洛夫又进一步设计了下面的实验。他将狗的面部做一个切口，并插入一根管子，这样，当狗的唾液腺分泌唾液时，唾液就可以通过这根管子流到狗的体外，流出的唾液多少就可以进行测量。这一次巴甫洛夫在对狗进行喂食之前先打开一盏电灯。灯光和食物本身并不存在联系，因此打开灯而未喂食的时候狗是没有唾液分泌出来的，喂了食的狗才会分泌唾液。但有趣的是，如果喂食之前总是打开电灯的话，经过一段时间之后，只要开了灯，即使还没有进行喂食，狗就已经分泌唾液了。这就说明，在狗的大脑中，灯光已经同食物联系起来了，狗见到灯光这个信号，就产生要进行消化的反应，也就是分泌唾液。巴甫洛夫依据这种实验现象建立了"条件反射"学说。

巴甫洛夫通过自己设计的一系列的实验，建立了高级神经活动的基础理论，使人们在探索高级神经活动的规律方面向前迈进了一大步。1904 年，诺贝尔奖委员会决定将当年的诺贝尔生理学或医学奖授予巴甫洛夫，奖励他在动物生理学研究中所做出的巨大贡献。在生理学家中，巴甫洛夫是享此殊荣的第一人。

科赫

病原细菌学的奠基人和开拓者

永不虚度年华。

——科赫座右铭

科赫

是谁发明了细菌照相法；发现了炭疽病的病原细菌——炭疽杆菌；证明了一种特定的微生物引起一种特定疾病；分离出伤寒杆菌；发明了蒸汽杀菌法；分离出结核杆菌；发明了预防炭疽病的接种方法；发现了霍乱弧菌；提出了霍乱预防法；发现了鼠蚤传播鼠疫的秘密；发现了睡眠症是由采采蝇传播的。如此众多的成就，都是德国医生和细菌学家科赫的研究成果。科赫是世界病原细菌学的奠基人和开拓者。

那是在 1873 年，那时的科赫已经是一名医生了。有一天，科赫的一位老朋友把他带到了村子旁边的森林里，说那里躺着一头死鹿,是不久前才病死的。

在科赫到达现场之前,已经有人对那头鹿进行了解剖。科赫发现鹿血呈黑色,血呈黑色是炭疽病的典型症状,那么这头鹿刚好可以作为科赫正在研究的炭疽病的实验材料。当时,科赫正在为炭疽病致病原因的研究没有进展而不知所措呢。科赫立即拿出了随时带在身上的玻璃器皿装了一些鹿血,然后匆匆赶回他位于沃尔施太因的诊所,吸取了一滴鹿血在显微镜下进行观察。要知道当初买这台显微镜可是耗费了他一半的家财呢!在视野中他观察到了很多杆状的菌和线状物,莫非这就是导致炭疽病的罪魁祸首?画画得非常好的科赫画下了观察到的形体的草图,并在图的一边标注上几个字:炭疽病原?

科赫在实验室观察细菌生长

科赫提出第一个实验设想:如果这些杆菌和线状物就是致病原因的话,在感染炭疽病的不同物种的血液中都应当有这些东西出现。正巧,没过几天,附近村子里的一个农民来到科赫的诊所,说他有好几头牛都病死了。科赫马上跟着农民到了农场。死牛的血液也呈黑色,也是炭疽病致死的。科赫用试管分别对几头牛取血样,回去又进行了详细的观察,结果与在鹿血中观察到的形体一样。

不断地有新的动物被炭疽病感染的消息传来。科赫又四处取血样,回到诊所就坐在显微镜前进行观察分析。他兴奋地发现,各种被炭疽病感染而死的动物的血液里都有杆状的菌和线状物存在。

于是科赫又据此提出了第二个实验设想:健康动物的血液中是不是也有这样的形体呢,如果有,这些形体就不可能是致病的原因。他从屠宰场要来一些健康动物的新鲜血液。不论他怎样观察,都没有发现杆菌,也没有发现那种线状物或是线状物缠绕成的"线团"。

有了上面的结论,科赫又提出了第三个实验设想:杆状物或线状物真的是细菌吗?如果是,就应该具有致病性。

在研究的日子里,科赫从未让他的小女儿踏入实验室一步,他这样做自有他的道理。

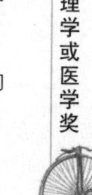

他以小白鼠做实验体,用手术刀在小白鼠的尾巴上切口,再滴入已感染炭疽病的动物的血,之后将处理过的小白鼠与其他健康的小白鼠隔离。依据科赫的实验设想,如果杆状物就是致病的炭疽病菌,小白鼠就会患炭疽病而死。

一天以后,处理过的小白鼠死了,它的血液呈黑色。科赫经过显微镜观察,发现血液中存在杆状物和线状物!这说明杆状物和线状物的确具有致病性,真的是细菌。

科赫不满足于已取得的实验结果,他认为必须观察到杆状物的生长情况才行。

科赫蘸取液滴接种到一种培养基上,放在自制的培养箱中进行培养,发现杆状物生长了,产生了很多线状物和"线团"。经过多次的接种,动物细胞不可能存在了,培养物应该是炭疽病菌的纯菌。科赫把这种纯菌接种至各种动物身上,被接种的动物都感染了炭疽病。

病原细菌学的奠基人

实验到了这一步,科赫还不想把结果发表,他觉得研究似乎还不够完整,于是他又提出了第四个实验设想:炭疽病究竟是通过什么途径进行传播的呢?

一天,科赫有了一个偶然的发现。他观察到在培养箱里放置了很长时间的培养物周围产生很多斑状或珠状物。这可能是芽孢!为了确认,科赫在一个月后,观察了已经完全干燥的培养物,发现培养物虽然死了,但是斑状物或珠状物还在。这就证明这些斑状物和珠状物确实是芽孢。

科赫在干燥的培养物上滴加牛眼房水,芽孢就生长成新的炭疽杆菌。这样他终于证实了,炭疽杆菌形成芽孢就是它在自然界中的传播方式。

到此为止,科赫终于决定要将实验结果发表了。他详尽地阐述了他的论断:"每一种寄

科赫雕像

生物在任何情况下都会引起疾病。寄生物不能在其他疾病中出现,而是作为偶然的和非致病的寄居者出现。这种寄生物最终可以完全脱离寄生体进行纯培养,一定能使动物染上类似的疾病。"

　　科赫把他的实验报告发表在费迪南德·科恩主编的《植物生物学杂志》上,题目是《炭疽病病原学:论炭疽杆菌发育史》。

　　科赫一生的成就众多,他还创立了固体培养基划线分离纯种法以及制定科赫法则。科赫为研究病原微生物制定了严格准则,被称为科赫法则,包括:一种病原微生物必然存在 于患病动物体内,但不应出现在健康动物体内;此病原微生物可与患病动物分离得到纯培养物;将分离出的纯培养物人工接种于敏感动物时,必定出现该疾病所特有的症状;从人工接种的动物体内可以再次分离出性状与原有病原微生物相同的纯培养物。

　　科赫于 1905 年荣获诺贝尔生理学或医学奖。

艾克曼

维生素的最早发现者

艾克曼

大家都知道,维生素对人类的健康起着举足轻重的作用,正因为它是"维持生命必不可少的要素",所以才被称为"维生素"。人缺乏维生素就会得种种疾病。比如缺乏维生素 A,就会得夜盲症,缺乏维生素 C 就会得坏血病……这在今天已是一种医学常识,然而在几个世纪以前,人们对其一无所知。尽管坏血病、脚气病等顽症给人类带来了极大的痛苦,人们一直未能找出得病的真正原因。

最早发现食物中有维生素的,是克里斯蒂安·艾克曼。维生素种类很多,艾克曼发现的是其中的一种,即硫胺,又称维生素 B_1,这种维生素的缺乏是引起脚气病的原因。在艾克曼之后,人们又陆续发现各种各样的维生素,至今,重要的维生素已经有二十来种。

在大约一个世纪以前,脚气病被认为是一种难以治愈的怪病,医生们也不知道脚气病产生的真正原因。患者的症状是全身浮肿,四肢疲乏,不能进食,行走也有障碍。

当时,脚气病在日本军舰上极为流行,这使得日本海军根本无法作战。1882年,日本军舰从东京驶向新西兰,在272天的航海中,有169人患了脚气病,25人死亡。日本军医高木兼宽得知英国人通过改变水兵的饮食解决了坏血病的问题,而英国水兵从来不得脚气病。他将英国水兵和日本水兵的食谱拿来做了一番对比。他发现,日本水兵吃的是蔬菜、

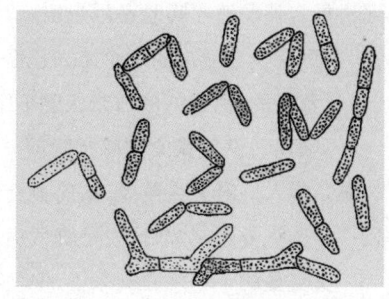

1894年艾克曼发现了维生素

鱼和白米饭,而英国水兵不大吃米,而是吃大麦之类的其他粮食,高木兼宽让士兵在吃饭时也吃一些大麦,结果日本海军中的脚气病消失了。由此,高木兼宽找到了一个有效预防脚气病的办法。

然而高木兼宽并不知道为什么改变食谱就能防止一种疾病的侵袭,或者发病后能将它治愈,高木兼宽也并没有进一步研究脚气病的产生原因,因此,脚气病的病因仍是医学界的一个未解之谜。

直到19世纪80年代,当时荷兰统治下的东印度群岛上的居民长期受脚气病的折磨,为解除这种病对荷属东印度群岛的威胁,1886年,荷兰政府成立了一个专门委员会,开展研究防治脚气病的工作。

荷兰医生克里斯蒂安·艾克曼也参加了这个委员会。当时科学家和医生认为脚气病是一种多发性的神经炎,并从脚气病人血液中分离出了一种细菌,便认为是这种细菌导致了脚气病的蔓延,脚气病是一种传染病。

然而艾克曼总感觉问题没有得到完全解决。这种病如何防治,是否真是传染病,这些问题都还未解决。他继续这种病的研究工作,并担任新成立的病理解剖学和细菌学的实验室主任。

1890年,他所在的陆军医院养的一些鸡病了,这些鸡得的就是"多发性神经炎",发病症状和脚气病症状相同。这一发现使艾克曼很高兴,他决心从病鸡身上找出得病的真正原因。起先他想在病鸡身上查细菌。他给健康的鸡喂食从病鸡胃里取出的食物,也就是想让健康的鸡"感染"脚气病菌,结果健康的鸡竟然全都安然无恙。这说明细菌并不是引起脚气病的原因。

究竟是怎么一回事呢?就在艾克曼继续他的实验的时候,医院里的鸡忽然一下

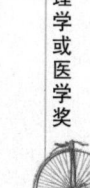

子都好了。

正当艾克曼的实验陷入僵局的时候,有一天,他偶然听到的消息给他的实验带来了进展。那是他在实验室附近闲逛时,听见一群病人的聊天声:

"医院负责喂鸡的那个工人已经有好久没见了。"

"真是的,那么好的白米饭剩下了就那么倒掉了。"

"喂鸡?"艾克曼立刻感觉眼前一亮,他连忙跑进病房,向病人们了解事件的来龙去脉。病人们对艾克曼说,从前负责喂鸡的工人每天都来医院,把这里剩的白米饭收回去。艾克曼想,莫非这就是脚气病产生的原因?

艾克曼的干劲儿立刻来了,他马不停蹄地找到从前的那个喂鸡的工人,问他到底是用什么喂的鸡。那个工人被吓坏了,他知道自己违反了医院的规定而闯了大祸,擅自改变了鸡饲料,他只知道自己违反了规定,却不知道这件偶然的事情给了艾克曼一刹那的思想火花。养鸡工人承认了自己的错误,奇怪的是艾克曼并没有责怪他,而是若有所思地离开了。接着,艾克曼又找到新的工人,当得知新工人都是用医院规定的鸡饲料喂鸡的时候,他更加确定了自己的发现。

根据几年前日本军医高木兼宽关于脚气病研究的一点点信息,艾克曼相信,也许脚气病就是由白米和糙米做的鸡饲料的差别决定的。他到许多监狱进行调查,结果让他大吃一惊,吃糙米的囚犯中每 1 万名只有 1 名脚气病患者,这个患病率非常低,大大出乎他的意料。事实证明,正是白米和糙米决定了脚气病的发生与否。

艾克曼分析:稻谷生长的时候,谷粒外包裹着一层褐色的谷皮,碾去谷皮,就露出白色的谷粒,这就是白米。这里的人喜欢吃白米饭,给鸡吃的剩饭也正是这种白米饭,结果一段时间后,就会得多发性神经炎。这样说来,很可能谷皮中有一种重要的物质,人体一旦缺乏,就会得多发性神经炎。考虑了这些情况后,艾克曼决定再做一番实验。

他选出几只健康的鸡,开始用白米饭喂它们。过了一阵子,鸡果然患了多发性神经炎。他随即改用糙米来喂养,很快,这些鸡都痊愈了。艾克曼反复做这样的实验,最后,他可以随心所欲地使鸡随时患病,随时复原。

其实高木兼宽也证明了特定的饮食能够治愈一种疾病,而艾克曼是第一个做到用特定的饮食制造和治愈一种疾病的人。

艾克曼把糙米当作"药",给许多得了脚气病的人吃,果然这种"药"医好了他们。1896 年,艾克曼因病返回荷兰。第二年,他公开发表了自己的研究成果。这一成果轰动了欧洲,并很快掀起了一股研究热潮。

1911 年，他和另一个科学家格列特·格雷恩斯成功地从米糠中提炼出一种物质。这是一种可以溶于水或强酒精的物质。它能透过薄膜，这表明它是一种分子量比较小的物质。它可以用来治疗脚气病。

这是人类第一次发现维生素。这种维生素在次年由三位日本的生物化学家从米糠中提炼出来，一般只要用 5～10 毫克，就可以治愈家禽的脚气病了。

波兰的生物化学家冯克把它称为"生命胺"，现在我们称它为硫胺，即维生素 B_1。

艾克曼指出这种物质既可以用来口服，也可以做成注射剂来治疗脚气病。

艾克曼为维生素的发现做出了突破性的贡献。他没有遵循固有的逻辑去研究问题，没有因为专家们认为脚气病是一种细菌引起的传染病而放弃自己的想法。他用自己独特的思维方式和敏锐的观察力，发现了导致脚气病的真正原因。他的工作在营养学中起到了领先的作用，他发现了食物中含有人体和生命所必需的微量营养物质，开辟了研究维生素的新领域。为此，他被授予 1929 年诺贝尔生理学或医学奖。

兰茨泰纳

揭开『血』的奥秘

114

6月14日是世界献血日,您知道它的来历吗?原来这是一位医学家的生日。这位医学家名叫卡尔·兰茨泰纳,兰茨泰纳对血型的研究解决了输血中的关键问题,挽救了成千上万人的生命,为了纪念他,人们就把他的生日定为"世界献血日"。

输血这种医疗方法其实在很久以前就被一些医生采用了,医生把其他人的血液甚至是某些动物的血液输给失血过多的人,来挽救他们濒危的生命。可是,在输入血液时,病人往往不能恢复健康,甚至情况还会恶化。这个问题引起了兰茨泰纳的注意,他想,是不是人的血液有不同的类型呢?只有相同血型的血液才能相互使用呢?在这一问题的驱使下,兰茨泰纳发现人类的血型规律,在输血时只有给病人输入合适的供血者的血才能挽救病人的生命,否则只能取得相反的效果。兰茨泰纳的重要发现

兰茨泰纳

使输血步入正确安全的轨道,在医学上发挥了重要作用。

兰茨泰纳对血清学和免疫学的研究开始
于 1896 年,当时正在学习化学的他,忽然发现
了一个有趣的现象,在血清免疫反应中,红细
胞往往会凝集到一起。为什么会出现这种现
象呢? 在病人交叉输血中出现的致死现象是
不是由这种凝集造成的呢? 虽然兰茨泰纳发
现了这一重要的线索,但是由于当时大家并不
是非常清楚它在医学上的深远意义,这个重要
的发现也就被搁浅下来了。

兰茨泰纳对血型的研究
解决了输血问题

直到 1908 年的一个春天,在医院工作的
兰茨泰纳正在检查病房,忽然,一位年轻母亲绝望的哭声引起了兰茨泰纳的注意,上
前一询问才知道,原来她的初生不久的婴儿患瘫痪症,医生们束手无策。兰茨泰纳有
一副好心肠,他对婴儿仔细检查之后,毛遂自荐地对那母亲说:"夫人,如果您愿意,我
可以试一试。"年轻的母亲别无他法,决定让兰茨泰纳放手一试。兰茨泰纳仔细分析
了婴儿瘫痪的原因,认定是一种免疫上的疾病。于是他决定运用血清免疫的原理进
行治疗。他把病儿的少量血液抽取出来,输入
猴子体内,使猴子产生抗体,然后再把抗体接
种到病儿身上。在别人看来已经无药可救的
婴儿竟然慢慢好转了。兰茨泰纳高超的医术
震惊了整个医疗界,各个报社纷纷报道兰茨泰
纳极具创造力的治疗方案,兰茨泰纳在学术界
也因此声名大振。

兰茨泰纳在工作中

兰茨泰纳的研究是 20 世纪医学上的重要发现之一,即我们今天常说的 ABO 血
型系统。兰茨泰纳所发现的凝血现象实际上就是血型系统差异造成的一种普通现
象,这不仅在人类的不同血型之间存在,在动物之间也存在。红细胞为什么会凝集
呢? 原来红细胞表面含有一些被称为凝集原的抗原物质,这种凝集原实际上就是一
些不同的蛋白质分子,而人的血清中则含有和这些凝集原分子相对应的特异性抗体。
在同一个人的身体中存在的抗原抗体是不会有反应的,它们相处融洽,但是一旦遇到
了和自己不相容的抗原的时候,抗体便会和抗原起反应。红细胞作为一种抗原存在,
当它随着输血进入另外一个人的身体的时候,如果另外一个人含有的抗体和进入的

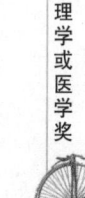

红细胞不相容,那么便会使红细胞凝集成块,堵塞血管,造成病人的病情加剧甚至死亡。这就是人体输血过程中可能发生的抗原—抗体反应。

兰茨泰纳将人类的血型分为四种,即 A、B、AB 和 O 型。这种分类方法直到今天我们仍然在使用。他的分类方法便是根据刚才所提到的抗原抗体类型。A 血型的人,红细胞表面含有 A 抗原,血液中含有 α 抗体;B 血型的人,红细胞表面含有 B 抗原,血液中含有 β 抗体。α 抗体和 A 抗原既然能够存在于同一人体中,因此是不会发生凝集反应的,β 抗体和 B 抗原也是如此。但是如果不同的抗原抗体遇到一起,便会发生凝集反应。AB 血型的人,

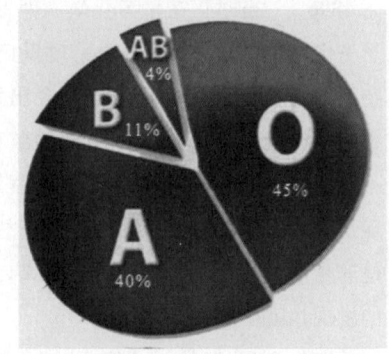

兰茨泰纳将人类血液分为四种

血液中同时含有 A 和 B 两种抗原,不含有抗体;O 血型的人,血液中同时含有 α 和 β 两种抗体,却没有抗原。这样,我们便可以分析一下,什么样的血可以输,什么样的血不能输了。由于 O 血型中不含有抗原,可以安全地输给其他三型的人,因此 O 血型也称作"万能血型",而 AB 血型的人,由于身体中不含任何抗体,可以接受其他三种血型的血,但是却不能把血液输给其他人,因此也称作"万能受血者"。

兰茨泰纳的研究使人类最终明白了血型的原理,从此人们在治疗失血过多的病人的时候,不再像以前那样盲目了,人们开始科学地输血。由于输血技术迅速发展,仅 1929 年在纽约就有数万次输血,发生医疗事故的情况极为稀少。随后,兰茨泰纳于 1927 年又发现了血液中的 MN 因子和 P 因子。血型的研究,在科学上具有重要意义,它首先奠定了免疫遗传学的坚实基础,同时也为研究人类种族关系和起源问题提供了重要的手段。此外,血型技术

兰茨泰纳揭开了血液的奥秘

被运用到犯罪学上,它可以用来辨别人的血斑、查明真凶,也可确定亲子关系,特别是确立父方身份等。

兰茨泰纳提出的关于免疫系统的本质这一有深远意义的问题,近百年来一直被人们热情地探索着。兰茨泰纳对血型研究做出了巨大的贡献,为免疫学的发展奠定

了坚实的基础,因此他无可争议地获得了 1930 年诺贝尔生理学或医学奖。

兰茨泰纳纪念邮票

兰茨泰纳是一个医学天才,他不仅在免疫学方面做出了巨大贡献,在其他领域,他也有重大的成果。例如,在征服小儿麻痹症方面,他的贡献也是突破性的。他研究发现了产生这种顽症的病因,是一种病毒引起的疾病。这为了解和控制小儿麻痹症走出了关键的第一步。

在兰茨泰纳发现了人类的血型之后,科学家们又陆续发现了人类白细胞抗原,提出了克隆选择学说等,至此,遗传学的一门重要分支学科——免疫遗传学诞生。因此兰茨泰纳也被称为免疫遗传学的奠基人。

摩尔根

现代遗传学的奠基人

困难固然困难，但不是办不到。

——摩尔根

118

摩尔根

从前并不存在遗传学这门学科。人们不仅不知道基因和染色体，而且也不了解精子和卵子在受精过程中的确切作用。人类基本上还没有摆脱陈旧的观念，认为虫子产生于马的鬃毛，细菌来源于垃圾。

现代遗传学创始于1900年，后逐渐发展成一门独立的学科，并以日益增长的信心开始揭示自然界的秘密。诺贝尔生理学或医学奖中因遗传学上的发现获奖的数目按几何级数上升，今天的生物技术、DNA 重组、基因工程、克隆技术等，已经并将继续改变世界的面貌，而它们无一不是建立在摩尔根所创立的现代经典遗传学大厦的基础之上。托马斯·亨特·摩尔根——1933 年诺贝尔生理学或医学奖获得者，美国最著名的生物学家，是公认的现代遗传学的奠基人。

时间追溯到 1865 年，当时有一位遗传学家名叫孟德尔，非常喜欢搞植物杂交试验。他在奥地利布台恩自然科学协会的年会上，宣讲了他所作的一篇论文，题目叫《植物杂交试验》。在这篇论文中他通过豌豆杂交的试验，总结出生物遗传的几条基本规律，并提出了"遗传单位"（我们现在称为"基因"）这个名词。但当时他的研究并没有受到应有的重视。直到他去世几十年之后，人们才意识到这篇论文的重要性。

摩尔根埋首于实验中

也是在这一年，远在美国的一对男女喜结良缘，新郎和新娘分别叫摩尔根和霍华德。不久，霍华德怀孕了。

第二年，一个孩子降生了，老摩尔根非常高兴，给孩子取名为托马斯·亨特·摩尔根。这一年也是孟德尔的论文正式发表在杂志上的时间，当然认同者仍然是寥寥无几。数十年后，人们突然发现仿佛有上帝之手在冥冥之中早就做好了安排，在人类探索生物的遗传规律的道路上安排了另一位领军人物来继承孟德尔的事业。

摩尔根成名以后，当别人问起他出生的时间时，他就说自己是生于 1865 年。因为从遗传学的角度来讲，精子和卵子结合形成受精卵就是一个新生命的开始了，因此他就将母亲怀孕的时间作为自己诞生的时间。另外一个原因是孟德尔正巧在 1865 年的时候提出了遗传学的基本规律，摩尔根就像是为了继承和发展

现代遗传学的奠基人摩尔根

孟德尔的学说而来到世界上。

摩尔根从很小的时候开始，就对自己身边的那些生物充满了兴趣。

大学毕业后，他报考了约翰斯·霍普金斯大学研究生院的生物学系。约翰斯·霍普金斯大学在医学和生物学方面非常强，由于办学目标就是瞄准了研究生教育，因此特别注重对研究型人才的培养，注重学生实验操作能力的提高，相对于应用型研究来讲，他们更强调基础研究工作。由于教学指导思想和教学手段在全美大学中都是领先的，约翰斯·霍普金斯大学在教学成果方面也是硕果累累，先后培养出七名诺贝尔生理学或医学奖获得者。

约翰斯·霍普金斯大学独特的教学方式，也培养了摩尔根实事求是、不盲目屈服于权威的思维方式，他坚信"一切都要经过实验"，实验结果比任何权威的结论都具有说服力。他的所有研究成果，无不经过多次实验的验证。摩尔根研究生毕业后，在约翰斯·霍普金斯大学继续攻读博士学位。

摩尔根在攻读博士学位期间和以后的十几年中，研究方向一直都是实验胚胎学方面。直到进入 20 世纪，这时距孟德尔去世已经将近二十年了，孟德尔的遗传学说获得了人们的重视。这时的摩尔根也将注意力放到了遗传学这个领域。摩尔根发现孟德尔提出的定律存在不完善的地方。这并不是说这些定律不对，毕竟它们也是通过实验得到的，但是这些定律的成立需要一定的条件，因此孟德尔定律还需要进一步的限制和修改。

摩尔根用作实验的材料是果蝇。这是一种非常小的蝇类，在腐烂的瓜果上常常会见到。就是这么一种普通的昆虫，却是遗传学研究中非常重要的一种动物。这首先是因为它的突变体表型非常明显；另外果蝇唾腺细胞的染色体非常大，只需要用普通的光学显微镜就能观察到；它还有一个优势就是繁殖周期非常短，一只果蝇的生命大约十天，这样一年之中就可以繁殖约 30 代，非常适合遗传学的研究。摩尔根的实验室里就装满了养果蝇的瓶子，因此他的实验室被戏称为"果蝇之家"。

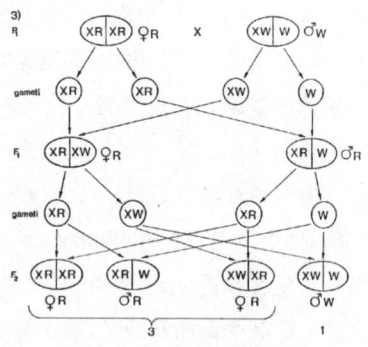

摩尔根有关遗传的图表

自然界中的普通果蝇应该是红眼的。然而 1910 年，摩尔根实验室中产生了一只特殊的雄蝇，这只雄蝇是白眼的。这是一只非常珍贵的突变个体，摩尔根视如珍宝。装着这只果蝇的培养瓶白天就放在实验室，晚上就跟着摩尔根到他的家里。终于这只白眼果蝇没有辜负摩尔根的厚爱，同一只正常的红眼雌蝇交配，产生了很多后代，将它的突变基因留了下来。摩尔根发现，子一代都是红眼，这就说明红眼相对于白眼是显性性状，与孟德尔的研究结果相吻合。摩尔根又使子一代交配，发现了子二代中红眼果蝇与白眼果蝇的比例是 3∶1，这与孟德尔的研究结果也是吻合的。然而摩尔根发现了一个孟德尔没有发现的现象，在子二代中，所有的白眼果蝇都是雄性的，所有的雌性果蝇都是红眼的。这个现象的发现具有非凡的意义，说明控制白眼性状的基因与控制雄性性别的基因处在同一个染色体上，是连锁在一起的。

摩尔根在此之后又对"残翅""黄身"等突变体进行了实验研究。通过研究，他得出了结论，孟德尔的独立分配定律的明显偏差是由于连锁规律的存在，也就是说控制两个不同性状的基因连锁存在于同一个染色体上。

摩尔根通过对果蝇的一系列研究，提出了著名的染色体遗传理论，继承和发展了孟德尔的学说，因此我们常称他为现代遗传学的奠基人。由于摩尔根在遗传学领域的突出贡献，他获得了 1933 年诺贝尔生理学或医学奖。他是约翰斯·霍普金斯大学，也是美国的第一位诺贝尔生理学或医学奖得主，是第二位因遗传学研究成果而荣获诺贝尔奖的科学家。

1920 年，美国人类学家保爱士与摩尔根握手

第四章 生理学或医学奖

弗莱明 青霉素的发现者

赋予我的荣誉无论多大，比起我能否成为一种工具，实现在某种范围内减轻人类痛苦这个希望，世上一切地位权势便显得无足轻重了。

——弗莱明

弗莱明

亚历山大·弗莱明，1881年出生于苏格兰的洛克菲尔德。弗莱明小时候和别的孩子不一样，他是一个安静、害羞、谦让的孩子，更不一样的是，他有一双锐利而冷静的眼睛，特别善于观察事物，要知道观察仔细是成为一个生物学家的前提。

第一次世界大战爆发后，弗莱明应征入伍，做了一名军医，在战场上扮演着救死扶伤的角色,无数战士在他的救治下恢复了健康。但是有一个棘手的问题一直困扰着弗莱明,许多战士受伤后伤口很容易溃烂感染,但是却找不到好的办法抑制这种感染。那时能使用的最好的消炎药就是磺胺,但磺胺的使用会带来一个致命的问题,那就是大量使用之后会大量杀伤白血球,这样反而削弱病人的抵抗力,起不到医治的效果。弗莱明敏锐地意识到:必须马上找到一种既能杀死细菌,又不伤害人体的药物。

有一天,他正在实验室实验,忽然一个以前做实验用过的培养皿引起了他的注意。葡萄球菌是感染人体的一种很重要的细菌,培养葡萄球菌用于实验是一种常见的方法。奇怪的是,在那个培养皿里面,原本长满的葡萄球菌却被一个霉菌污染了,更为奇怪的是,霉菌周围竟然一个葡萄球菌都没有,只有离霉菌较远的地方才有葡萄球菌长出。也就是说,霉菌的生长抑制了细菌的生长。是不是霉菌分泌出什么东西抑制了细菌的生长呢? 想到这里,

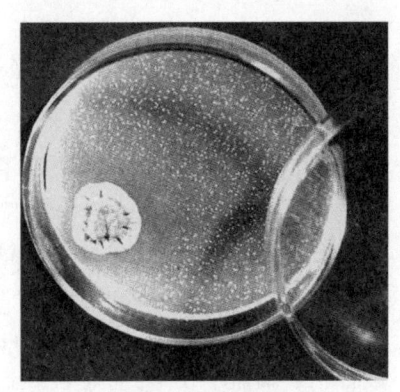

青霉素培养皿

弗莱明兴奋无比,接着他把同样的霉菌接种到含有大肠杆菌、链球菌等细菌的培养皿上培养,发现这些细菌都受到抑制。他还发现,人体分泌的鼻涕、眼泪等分泌物都能抑制细菌的生长。这给了弗莱明极大的信心,这不就是他一直以来苦苦追寻的既能杀死细菌又不伤害人体的东西吗? 由于这种物质是在青霉菌中发现的,弗莱明把它叫作青霉素。

在发现青霉素之后,这种物质的用途却一直在研究之中。一天,弗莱明的助手克拉多克感冒了,整个下午都在不停地打喷嚏,当时两人处在狂热研究青霉素的时期,他们商量说,是不是可以用含有青霉素的肉汤试着清洗一下克拉多克的鼻腔来治病呢? 这个想法非常大胆,而且他们也这么做了。幸运的是,克拉多克打喷嚏次数明显减少了,这就是青霉素的作用。弗莱明无比兴奋,因为他间接地证明了青霉素能够在人体上起作用。

弗莱明在实验室

弗莱明将自己的重大发现发表后,并没有引起多大的轰动。人们总不能每次生病都用

第四章 生理学或医学奖

肉汤洗鼻孔吧！如何提纯青霉素的问题摆到了桌面上，可是弗莱明苦苦思索也没有找到答案。就这样过了十几年，青霉素虽然被发现了，却一直没有被广泛应用，瓶颈就是提纯技术没有突破。

就这样一直到了20世纪30年代末，两位科学家弗洛里和钱恩读到了弗莱明的论文，他们为这种神奇的抗菌物质所倾倒，决定想办法提纯这种神奇的物质，让它的神奇作用造福人类。

想法固然伟大，但是困难也很大。一开始提炼出来的青霉素的纯度非常低，就算用装满一节火车车厢的青霉菌培养液也提炼不出来多少青霉素，这样显然不能让两位科学家满意，更别提治病救人了。后来，他们改用玉米汁提取物来培养霉菌，这个方法使得青霉素的含量提高了不少，从每立方厘米2个单位提高到40个单位，但他们还要继续努力。一个偶

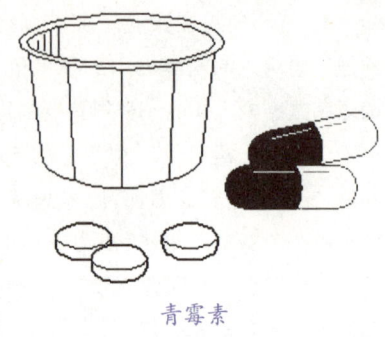

青霉素

124

然的机会，他们在一个烂西瓜上找到了一种非常奇特的青霉菌，这种青霉菌生长迅速，消耗能量少，而且青霉素含量特别高，使青霉素的产量一下子从每立方厘米40个单位增加到200个单位。这是一个质的飞跃，从2个单位到200个单位，青霉素可以治病救人了。

谁来尝试呢？大家都不敢当第一个吃螃蟹的人，这样时间又过去了很久。直到1941年2月的一天，一位纽约警察在执行公务时受伤，伤口迅速感染，细菌很快进入血液，危及到生命。如果不及时抑制细菌的进一步感染，他将失去生命！经过考虑，他索性自愿选择注射青霉素，成为全世界第一个接受青霉素注射的人。医生、科学家、弗莱明、弗洛里和钱恩等人都在密切关注这位警察的安危。奇迹发生了，24小时后，这个生命垂危的病人，病况大为好转，青霉素把他从死神那里拉了回来！

弗莱明被任命为英国爱丁堡大学的校长

此后，青霉素逐渐被应用到各个领域，尤其是二战期间，大量的曾经认为是不可

救的伤情，在使用青霉素后都能够得到缓解或者恢复。最为神奇的一个例子发生在美国的伯利汉城的伯西乃尔陆军医院。当时医院收治了美国在二战中伤情最为严重的 209 名伤员，他们的伤势被医生认为几乎是无法治愈的。可是，在注射了这种叫作青霉素的药品之后，209 人中有 206 人都奇迹般地活了下来，这个消息在当时引起了极大的

弗莱明接受诺贝尔奖

轰动。通过几次技术上的革新，青霉素纯度进一步提高，产量大幅度提升，二战后，它已经风靡全球，家喻户晓了。

为了表彰弗莱明、钱恩和弗洛里三人对人类的伟大贡献，诺贝尔奖委员会决定授予他们 1945 年度的诺贝尔生理学或医学奖。

弗莱明发现的青霉素和溶菌酶，给人类带来了幸福和安全，这是一笔难以衡量的宝贵财富。

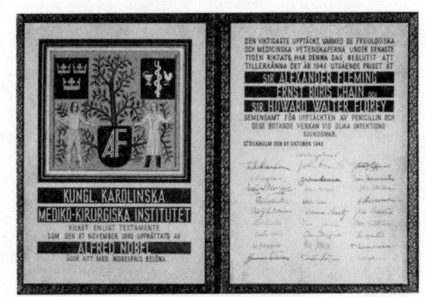

弗莱明的诺贝尔奖获奖证书

1955 年，伟大的医学家弗莱明离开了人世，终年 74 岁。弗莱明逝世以后，人们对他进行了高度的评价。许多医生认为青霉素是有史以来最伟大的医学发现。

第四章　生理学或医学奖

DNA双螺旋结构的发现者

沃森、克里克

　　沃森、克里克的功绩在于将信息、结构与生物化学糅在一起研究遗传的问题。这个认识对于获得遗传的精细结构，直到每个键角和不同原子及原子群之间的距离都是本质的。

——艾伦

沃森、克里克

　　生命究竟是怎么一回事？人为什么生下来会像父母而不是其他人，为什么小猫生下来的还是小猫而不是小狗小鸡？这都是因为遗传！因为人类或者是其他生物的几乎所有特性都能够从上一代那里得到遗传。那么到底是什么物质承载着这种遗传信息呢？在生物学界曾经有两种说法：核酸和蛋白质。后来证明，遗传物质是核酸而非蛋白质。核酸，也就是人们常常听见的DNA，全称叫脱氧核糖核酸。那么DNA的结构究竟是怎样的呢？

　　在证明了DNA就是遗传物质之后，全世界的生物学家都兴奋了，他们躲在世界各国实验室里埋头研究这个问题。1951年，一群研究生物大分子结构的科学家齐聚意大利,将在那里召开一个学术会议,沃森也在其中,当时他正在哥本哈根海尔曼实验室学习生物化学,他感兴趣的是遗传学。会上,威尔金斯做了关于 DNA 衍射图片分析的报告,并放映了一张关于 DNA 纤维的 X 射线衍射的幻灯片。这张幻灯片引起了沃森极大的兴趣,他开始意识到,要解开生物遗传变异之谜,只关注遗传是不行的,那样就如同瞎子摸象一样找不到准确的方向,遗传学家们首先应该做的就是解释清楚基因的结构,这样才

在英国剑桥的 rna 俱乐部的成员,克里克后排左一,沃森前排右一

可能知道基因是怎样工作的,从而找到生物遗传机制的答案。1952 年,沃森进入英国剑桥大学卡文迪许实验室工作,在这里,他遇到了一位志同道合的同事——克里克。

克里克原本是学习物理学的,1946 年,他读到了一本书叫《生命是什么》,这是著名理论物理学家薛定谔写的,书中第一次向读者们提出了生命是什么的问题。看了这本书之后,克里克的命运发生了改变,他对生物学产生了浓厚的兴趣,决心从事基因分子结构研究。1949 年,克里克进入卡文迪许实验室,研究蛋白质和多肽方面的问题。

就在这个当时世界上最顶尖的实验室里,两位伟大的科学家为了共同的理想和共同的事业走到了一起,开始了他们一生的合作!

当时对 DNA 感兴趣的科学家不计其数,在英国,伦敦大学金史密斯学院工作的生物学家威尔金斯和他的助手富兰克林行动得最早,他们和传统的生物学家不同,他们利用 X 射线衍射技术来研究 DNA 的结构。在美国,曾经获得诺贝尔化学奖的鲍林也在研究 DNA,他作为化学家的经验在核酸研究中也在起作用。在剑桥大学的卡文迪许实验室里,英国人克里克和美国人沃森也在思考。这奇异的 DNA 吸引了这么多伟大的科学家,当众多的思想碰撞在一起的时候,发现的火花必将被点燃!

沃森、克里克分工协作,克里克一开始试图用数学计算方法来解决 DNA 分子结构问题。他推测这 DNA 分子应该是某种形式的螺旋体,也就是说它是呈一圈一圈盘旋形状的。

沃森负责他的 X 光摄片工作,当拍摄到好的照片之后,便和克里克一起分析讨论。要知道拍摄分子结构可不比拍摄几张普通照片,在拍摄角度的问题上,沃森一直不太如意,6 月的一个晚上,沃森来到实验室冲洗一张刚从 25 度角拍摄的照片。在

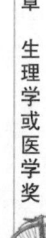

灯下,沃森兴奋得叫了起来,因为他发现,这张湿淋淋的照片上面螺旋形的线条看得清清楚楚,这不正是他和克里克一直要找的结构吗?他迫不及待地把这个消息告诉了克里克。克里克看到照片的第一眼,立刻知道他们成功了,照片上的螺旋结构明白无误,克里克给了同伴一个紧紧的拥抱!

确定 DNA 的结构是一种螺旋体只是万里长征的第一步。我们知道,螺旋可以由单链、双链、三链以及多链组成,DNA 的螺旋到底是哪一种呢?短暂的兴奋之后迎来的是更加艰苦的历程。

由于在实验中已经找到了足够的证据,他们首先否定了 DNA 分子的单链和四链的螺旋结构。但是在双链和三链中,他们得做出一个准确的证明!推测是站不住脚的,科学讲求的是实证!

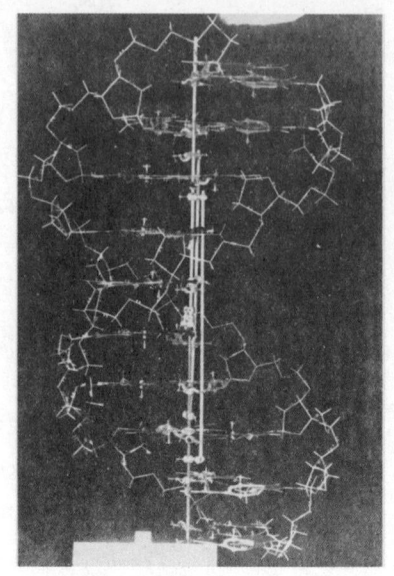

DNA 模型

128

他们很快建立起一个三链结构的模型,但经过验证,这个模型是在一个错误的基础上建立起来的。

第一个模型失败了,沃森和克里克陷入了沉思!如果三螺旋模型不能成功建立的话,那么,很有可能就是双螺旋的模型。短暂总结之后,两人以满腔的热情和坚定的毅力重新投入到工作中去了,他们要设计一个双链的 DNA 分子模型。

在制作模型的过程中,沃森和克里克的灵感来源于梯子。DNA 分子如果按照梯子的样子一节一节组合起来,正好可以构成双螺旋的基本骨架,这样一个像梯子一样的双链便形成了,如果再按照螺旋的方式一拧,不就正好是一个结构很牢固的双螺旋模型吗?经过 X 射线衍射分析,证明了这个双螺旋模型是完全正确的。

沃森和克里克合作发现了
DNA 螺旋形结构

DNA 双螺旋结构的发现是 20 世纪生物学最重要的发现, 这个发现阐明了生物遗传基因密码的构成, 开辟了分子生物学的新学科领域, 为人类从分子角度认识生命过程的发生、遗传、发育、衰老、进化以及生命体内部细胞和器官的结构、功能和运行的模式, 都奠定了坚实的基础。1962 年, 为了表彰沃森、克里克及威尔金斯三人在建立 DNA 双螺旋结构模型上的伟大贡献, 诺贝尔奖委员会决定授予他们三人诺贝尔生理学或医学奖。DNA 双螺旋结构的发现, 奠定了现代分子生物学的最根本的基础, 生物学的发展从此焕然一新!

屠呦呦

改写疟疾史的
中国女科学家

荣誉本身就是责任。

——屠呦呦

屠呦呦是首位获得诺贝尔奖科学类奖项的中国人。她是抗疟新药青蒿素的第一发明人。她领导科研组在 1971 年发现对鼠疟、猴疟均具有100%的抗疟作用的青蒿素,挽救了全世界上百万人的生命。以青蒿素类药物为主的联合疗法已经成为世界卫生组织推荐的抗疟疾标准疗法。世卫组织认为,青蒿素联合疗法是目前治疗疟疾最有效的手段,也是抵抗疟疾耐药性效果最好的药物,中国作为抗疟药物青蒿素的发现方及最大生产方,在全球抗击疟疾进程中发挥了重要作用。

尤其在疟疾重灾区非洲,青蒿素已经拯救了上百万生命。根据世卫组织的统计数据,自 2000 年起,撒哈拉以南非洲地区约 2.4 亿人口受益于青蒿素联合疗法,约 150 万人因该疗法避免了疟疾导致的死亡。

1930 年底,屠呦呦出生在浙江省宁波市。她是家里 5 个孩子中唯一的女孩,名字典出"呦呦鹿鸣,食野之萍",意为鹿鸣之声。

读书时的屠呦呦长得还蛮清秀,戴眼镜,梳麻花辫;读中学时,她成绩在中上游,并不拔尖,但有个特点,只要她喜欢的事情,就会努力去做。1951 年,屠呦呦考入北京大学医学院(现为北京大学医学部),选择药物学系生药专业为第一志愿。她认为生药专业最接近探索具有悠久历史的中医药领域,符合自己的志趣和理想。在大学四年期间,屠呦呦努力学习,取得了优异成绩。在专业课程中,她尤其对植物化学、本草学和植物分类学有着极大的兴趣。

青年时期的屠呦呦

1955 年,屠呦呦大学毕业,分配到卫生部直属的中医研究院(现中国中医科学院)工作。之后 55 年里,除参加过为期两年半的"西医离职学习中医班",她几乎没有长时间离开过东直门附近的那座小楼。

1969 年,屠呦呦所在的中医研究院接到了一个"中草药抗疟"的研发任务。代号 523 成了当时研究防治疟疾新药项目的代号。最初的 523 任务中,有尝试中草药和针灸抗疟功效的研究小组,却没有中医研究院的参与。直到 1969 年,为了"加强中草药方面的研究力量",中医研究院应召加入,屠呦呦也随之参与了项目。当时她 39 岁,职称是助理研究员。屠呦呦与军事医学科学院的研究人员一同查阅历代医药记载,挑选其中出现频率较高的抗疟疾药方,并实验这些药方的效果。

因为具有中西医背景,而且勤奋,屠呦呦很快被任命为研究组组长,带领一个小组的成员开始查阅中医药典籍,走访老中医,埋头于变黄、发脆的故纸堆中。

屠呦呦在查阅资料

1971 年 10 月 4 日成功提取到青蒿中性提取物,获得对鼠疟、猴疟疟原虫 100%的抑制率。

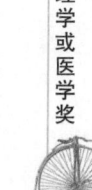

1977年，她首次以"青蒿素结构研究协作组"名义撰写的论文《一种新型的倍半萜内酯——青蒿素》发表于《科学通报》，引起世界各国的密切关注。1980年屠呦呦被聘为硕士生导师，2001年被聘为博士生导师。她多年从事中药和中西药结合研究，突出贡献是创制新型抗疟药——青蒿素和双氢青蒿素。

青蒿

2011年9月，屠呦呦获得被誉为诺贝尔奖"风向标"的拉斯克奖。这是中国生物医学界当时获得的世界级最高奖。屠呦呦填补了华人十年未获此奖的空白，也成为了第一位在中国独立完成研究的获奖者。

因为没有博士学位、留洋背景和院士头衔，屠呦呦被当时的媒体报道称为"三无"科学家。获得拉斯克奖后，几十年如一日潜心科研、默默无闻的屠呦呦一时间名满天下，当时已81岁的屠呦呦首次在国内公开亮相。

在当时的采访中，屠呦呦表示："青蒿素的发现，不是一个人的成绩，是团队共同努力的成果，很多同志都参与了这项研究，都做出了贡献。这也是中医药走向世界的一项荣誉。"

青蒿素及其衍生物青蒿琥酯、蒿甲醚能迅速消灭人体内疟原虫，对脑疟等恶性疟疾有很好的治疗效果。青蒿素类药物可口服、可通过肌肉注射或静脉注射，甚至可制成栓剂，使用简单便捷。但为了防范疟原虫对青蒿素产生抗药性，目前普遍采用青蒿素与其他药物联合使用的复方疗法。

2004年5月，世卫组织正式将青蒿素复方药物列为治疗疟疾的首选药物，英国权威医学刊物《柳叶刀》的统计显示，青蒿素复方药物对恶性疟疾的治愈率达到97%。据此，世卫组织当年就要求在疟疾高发的非洲地区采购和分发100万剂青蒿素复方药物，同时不再采购无效药。

"中国神药"给世界抗疟事业带来了曙光。世界卫生组织说，坦桑尼亚、赞比亚等非洲国家近年来疟疾死亡率显著下降，一个重要原因就是广泛分发青蒿素复方药物。2015年10月，屠呦呦获得诺贝尔生理学或医学奖。

哈拉尔德·楚尔·豪森「抗癌大神」

最好在自己的研究领域内逐渐形成知识，可以稍微地反教条，不能全盘信任书本，用德国的说法就是固执。从我过去的经验来看，这意味着必须要容忍一些反对意见，但从更长远来看我觉得应该表现出一些执着，如果你非常相信自己的判断，那就应该坚持下来。

——哈拉尔德·楚尔·豪森

宫颈癌是女性最常见的恶性肿瘤之一。在全球范围内，平均每分钟即检查出一例新发病例，每两分钟就有一名女性死于宫颈癌。每年，中国的宫颈癌病例占全球的28%以上，新发现的宫颈癌病例为10万，死亡病例3万，是15岁至44岁女性中第三大高发癌症。

2006年9月，美国默克公司生产的世界上第一种宫颈癌疫苗正式上市，并在短短一个月内，就被获准在除美国外的澳大利亚、欧盟等地销售。目前，宫颈癌疫苗已经在全球160个国家投入使用，但直到2016年7月18日，葛兰素史克（GSK）宣布，人乳头状瘤病毒（HPV）疫苗[16型和18型]获得中国国家食品药品监督管理总局的上市许可，成为中国首个获批的预防宫颈癌的HPV疫苗。首批进口的"希瑞适"才开始供应全国市场，以满足适龄女性对通过疫苗接种来预防宫颈癌的健康需求。而这一切都要归功于

宫颈癌元凶探寻者——哈拉尔德·楚尔·豪森。

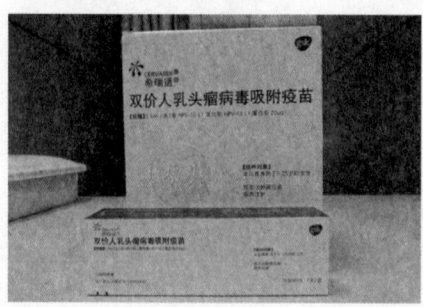

宫颈癌疫苗

　　1936 年，豪森出生在饱受战火蹂躏的德国城市盖尔森基兴，飞机的轰炸声贯穿了他的童年。少年时由文理中学升入波恩大学学习医学，后曾在汉堡大学学习，并在杜塞尔多夫大学获得医学博士学位。

　　豪森在德国、美国多所大学担任教学和研究工作，1972 年担任德国埃朗根－纽伦堡大学病毒学教授；1977 年在瑞士弗里堡大学出任病毒和卫生系主任；从 1983 年起，他转往德国海德堡的德国癌症研究中心担任主任，直到 2003 年退休。就读博士期间，他被癌症吸引住了。确切地说，他"对病因更感兴趣，远胜过癌症本身"。

　　他试图用牛痘病毒去破坏小鼠细胞内的染色体，但收获颇微。在当时，这个领域实在冷清，没有多少前人的工作可供参考，且他的背景知识也不够。于是他修读了细胞遗传学和分子生物学的课程，并自学了相当多的实验室技术。可惜，失败似乎越来越多，多到他自己都有些坚持不下去了。

　　如果不是来自大西洋彼岸的一封信，很难想象豪森还能坚持多久。美国宾夕法尼亚大学医学院向豪森所在的研究所写信，希望一位年轻的德国学者前往工作。

　　在宾州，他遇到了著名病毒学家亨里夫妇，从亨里夫妇那里，豪森得知了一种使用病毒改变淋巴瘤细胞染色体的最新技术。三年后，他回到德国，在自己的实验室内，他首次发现病毒基因可以整合到人类的基因组中，并潜伏多年。后来，他萌发了一个大胆的假设：同为上皮细胞癌变的宫颈癌，或许并非仅仅由单纯的疱疹病毒引起。这和当时的流行观点大相径庭。

楚尔·豪森

1972 年，豪森开始着手检验自己的理论。HPV 被当作宫颈癌诱因的候选之一，但这种病毒难以分离并且无法在培养基中离体培养，于是他们转而提取病毒的 DNA 去感染正常组织。令人失望的是，来自足底鸡眼的 HPV 的 DNA 无法导致生殖器疣，进而诱发宫颈癌。换作是别人，恐怕会义无反顾地把 HPV 排除出列，但豪森坚持认为这是两类不同的病毒，致病的应该是另一种。

在 1974 年的一次国际会议上，豪森公开发表了自己的观点，但他从听众中收获的只有冷漠。豪森不为所动，在分析来自世界各地的宫颈癌肿瘤切片后，他发现大约 70% 的肿瘤里有 HPV（人的乳头状瘤病毒），并证实了宫颈癌与 HPV 之间存在关联。他认为人的乳头状瘤病毒，才是导致宫颈癌的元凶。他的发现为开发宫颈癌疫苗打下了基础。

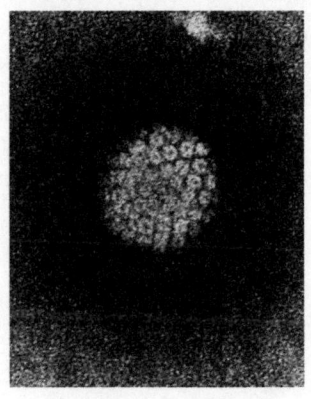

电子显微镜下的 HPV

1991 年，一系列流行病学实验验证了豪森的研究，促成了两种针对宫颈癌的疫苗以及帮助女性检测是否患病的宫颈细胞学涂片检查法。

在成为德国癌症研究中心主管后，豪森游说制药公司研制 HPV 疫苗。"HPV 结构简单，疫苗的成功率颇大，但医药公司不以为然，他们认为还有更重要的问题亟待解决。"回首过去，我们不知道还有什么能比史上第一支癌症疫苗更重要。

持怀疑态度的远远不止医药企业，一系列五花八门的报告陆续发表，反驳 HPV 的致癌性，直到 1991 年，更多的报告才证实豪森的理论。现在我们知道，在 99.7% 的宫颈癌女性体内都可以发现 HPV。

对于人们给 HPV 疫苗戴上的"首个癌症疫苗"的高帽子，豪森并不认同。他认为这个第一应该属于乙肝疫苗，虽然它被用于预防急性肝炎，但事实上极大地降低了肝癌的发病率。

当英法两国科学家甚至政府为 HIV 的发现优先权争得面红耳赤之时，豪森小组继续在 HPV 的宁静角落里精心耕作。HPV 填满了他一生的研究笔记，追猎 HPV 的道路曲折而漫长，很多早期的合作伙伴都已经改弦易辙，但他从不后悔。

距离豪森提出"HPV 是导致宫颈癌原因"的观点 30 多年后，72 岁的楚尔·豪森获得了诺贝尔奖，他的发现得到了最高的学术荣誉，也使女性远离宫颈癌这种恶性肿瘤有了新的希望。

第四章 生理学或医学奖

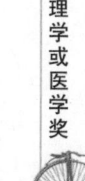

文学奖

第五章

一直以来，诺贝尔文学奖所体现的对人类的深刻同情、博爱主义，对人类生存价值、生存困境的真实描绘，再到多元文化的交融，直至人文精神的复兴，无不标志着文学观点、价值观念、审美情趣在不同时代、不同社会和不同人文背景下的一次次转变和具体展现。尽管还有遗憾，但是获奖的文学巨匠们，都堪称是二十世纪的文学精英，他们的作品具有划时代的意义，浓缩着百年的历史，诉说着人类亘古以来永恒的情感、灵魂和真理。

泰戈尔

追求进步和光明

当我的声音因死亡而沉寂时，我的歌仍将在你活泼泼的心中唱着。

——泰戈尔

在印度历史上有两位伟人值得我们缅怀，一位是"圣雄"甘地，他领导了印度民族解放运动；另外一位是印度近代史上最伟大的文学巨匠，他就是罗宾德拉纳特·泰戈尔。

泰戈尔拥有过人的才华，他一生创作了大量的文学艺术作品，是世界文学史上的伟大文学艺术家；他学识渊博，堪称哲人；他对社会

泰戈尔

活动积极投入，并且关注同情其他国家人民的苦难，所以他也是一个社会活动家；此外他对印度的教育改革也有非常重要的推进作用，他还是一个教育家。他一生所有的贡献，不但在印度历史上具

有划时代的意义,在国际上也产生了巨大影响。

泰戈尔在印度文化的各个方面的影响是深远而广泛的。其中最令人印象深刻的就是他惊人的创作量了。他 12 岁开始写诗,60 余年创作了诗歌上千首,歌词 1200 余首;他写作中长篇小说 12 部,短篇小说 200 多篇,戏剧 38 部,此外有关哲学、文学、政治的论文及回忆录、书简、游记等不计其数。

泰戈尔善于用各种不同的题材,他的诗歌丰富多彩,清新隽永;小说格调新颖,具有极强的感染力;他写的戏剧不但种类繁多,而且舞台表现力非常强,富于哲理也是他的戏剧的一大特色;他谱写的歌曲要么哀婉缠绵要么威武雄壮,给人以力量。如此种类繁多而又恢宏壮丽的艺术成果令人惊叹,泰戈尔的艺术作品是印度和世界文化史上宝贵的文化遗产。

泰戈尔 1912 年在伦敦

泰戈尔扬名于世界其诗歌功不可没。他创作的诗歌不仅数量众多,无人可比,而且其意境更是到了高不可攀的地步。读泰戈尔的诗,令人感觉就像漫步在月光下的沙滩上,不时有思想的浪花飞溅起来,又不时传来富有哲理的涛声,整个过程都是一种享受,读者定会进入无尽的遐想中。在好多国家人们都称他为"诗圣",他在印度更是地位崇高,他的诗达到了"家传户诵"的地步。

泰戈尔具有代表性的诗集有《吉檀迦利》《新月集》《园丁集》《飞鸟集》等。这几部诗集虽然内容不相同,但它们有一点是一样的,就是都富有哲理。古代印度哲学中,有一种"出世"理论。"出世"是人生最高的境界,当人们放弃尘缘,苦修成正果之后就可以"出世"了。但是,泰戈尔的人生哲学是"入世"的思想。他相信,自己既然在这个世界里受尽了苦难,经历过失望,体会过死亡,那么这个世界已经没有什么东西可以打败他了,因此,在这个世界里,他将永远快乐地活下去,他称之为"入世"。他在诗中写道:"不,我的朋友,我将永不离开我的炉火与家庭去退隐到深林里面""我将永不会做一个苦行者""我以我在这伟大的世界里为乐。"这种哲学虽然与传统的印度哲学不同,但是更加体现了泰戈尔对人生的热爱,对苦难的洒脱。尤其在他写这些诗的时候,印度正处在英国的殖民统治之下,整个国家都处在一种苦难之中,泰戈尔的"入世"思想与反帝爱国、反封建的时代潮流相通。

这几部诗集强烈地体现出泰戈尔的人道主义的博爱思想。在他心目中，"爱"就是人类的理想。世界上虽然有不同的民族，有不同的法律法规，但是，世界是不能永远用法律法规约束的，人类总是在进步，最终约束人类的统治世界的只能是"爱"。泰戈尔用人道主义的博爱思想谱写了这些壮丽的诗集，诗歌里表达出来的精神，深深地鼓舞了劳动人民的斗志，为他们反对民族压迫的斗争提供了精神力量。

泰戈尔一生热爱中国，是中国人民的真诚朋友，他的诗集更是中国人民反对帝国主义、封建主义的思想武器和精神力量。泰戈尔对中国文化怀有强烈的感情，对中国人民的苦难也感同身受。泰戈尔曾经写过一首诗歌来声讨日本帝国主义的罪行，诗歌的名字叫作《射向中国的武力之箭》。泰戈尔不仅以诗篇声援中国人民，而且亲自参加援华抗日活动。他在遥远的印度为中国抗日运动举行募捐活动，以自己的名望来唤起全世界人民对日本帝国主义的反抗，是中国反对日本帝国主义的国际战友！

1913 年，"由于他那为敏锐、清新与优美的诗篇；这些诗不但具有高超的技巧，并且由他自己用英文表达出来，使他那充满诗意的思想成为西方文学的一部分"，泰戈尔被授予该年度诺贝尔文学奖这一最高荣誉，成为第一个获得这项殊荣的亚洲作家，泰戈尔因此而蜚声世界。

罗曼·罗兰

高尚的理想主义者

理想失去了，青春之花便也凋零了，因为理想是青春的光和热。

——罗曼·罗兰

法国作家罗曼·罗兰

罗曼·罗兰 1866 年出生于法国，父亲是城里一位德高望重的绅士，参加过法国大革命，他为罗曼·罗兰带来了斗士的精神和信仰；母亲虔诚端庄，是波尔罗亚尔女隐修院的一位受人尊敬的修女，母亲天生具有一种淡淡的忧郁气质，热爱音乐喜爱艺术，这两者加在一起之后在罗曼·罗兰身上得到了充分体现：一种对艺术对音乐的神秘的觉察感悟能力！

1870 年普法战争法国战败，失败的阴影笼罩着整个法国，罗曼·罗兰的童年就是在这样的一种环境下度过的。在巴黎高等师范学校学习期间，罗曼·罗兰的文学和音乐上的天赋显露无疑，他酷爱阅读伟大的文学作品,聆听震撼心灵的音乐。

由于成绩优秀,他得到巴黎高等师范学校的奖学金到罗马学习。他的工作是负责整理图书馆文献,这给了他接近著名典籍的机会。在这里,他可以随心所欲地阅读著名作家的典籍,他常常流连忘返,在图书馆一待就是一整天。在两年中,罗曼·罗兰和另一位图书馆管理员马尔薇达·冯·迈森布洛结下了友谊,虽然对方是一位70岁的老太太,但是两人却有共同点,都是理想主义者。不同的是老太太的思维久经考验而纯净,年轻人则激烈而狂热。这样的交往让罗曼·罗兰获益匪浅,他学到了这两年中最重要的知识。

回到法国之后,罗曼·罗兰先留在巴黎高等师范学校教授音乐史,既可以每日聆听大师们的音乐,课余也可以随心所欲写些文字,倒也乐得其所。

罗曼·罗兰的个性是人们关注的一个焦点,人们认为他是一个矛盾的共同体。他的父亲是一个爱自由、挑剔的法国人,这样的高卢精神也为罗曼·罗兰所继承;在母亲那里他又得到了强烈的艺术感受力。种种特性综合起来就非常奇怪了,人们用了很多词语来描述他:宗教社会主义者,反神权的神秘主义者,革命理想主义者,非教条主义的基督徒等。不论哪个,都不能体现他的所有特点,他身上似乎具备了所有矛盾的两个方面。这些性格上的

罗曼·罗兰

特点不断地在他的小说、随笔中体现出来,最终形成了他自己独特的风格。

罗曼·罗兰对著名的音乐家和文学家的人格魅力充满了兴趣,在聆听他们的音乐、阅读他们作品的时候,罗曼·罗兰常常在想,是什么力量让他们的作品如此有力,能够将内心的强大精神力量通过音乐和文字展现出来的人,那是多么伟大啊! 他曾经写过关于贝多芬的生活的抒情文章,也研究过米开朗琪罗和托尔斯泰,但这些都不是评论性传记,而是为获取这些伟人精神而做的充满诗意的努力。

罗曼·罗兰最伟大的传记小说就是《约翰·克利斯朵夫》,1904 年到 1912 年间,罗曼·罗兰陆陆续续出版了这部长达十卷的长篇小说。他也因这部小说而获得1915年的诺贝尔文学奖。

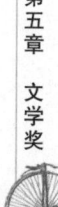

小说成功地塑造了约翰·克利斯朵夫这一形象，尤其是他倔强的性格和自强不息的奋斗精神给人留下了深刻的印象。其实，在《约翰·克利斯朵夫》成功出版以后，人们发现小说中的克利斯朵夫虽然是以贝多芬为原型的，但是也具有罗曼·罗兰自己的影子。其实早在1890年，罗曼·罗兰就开始构思这部小说的人物性格，这堪称是他的生命之书，因此我们可以说罗曼·罗兰就是克利斯朵夫，克利斯朵夫就是罗曼·罗兰！

此外，罗曼·罗兰还写过另一部长篇小说《母与子》，这本书是他晚年的作品。在饱经世事之后，罗曼·罗兰的心态更加成熟，因此，这部书的思想达到了空前的高度，对现实的反映也超过了《约翰·克利斯朵夫》。但是，老年的罗曼·罗兰创造力明显下降，因此无论是艺术魅力还是抒情色彩，《母与子》均远远不如《约翰·克利斯朵夫》。

144

罗曼·罗兰的作品缺乏对古典式样的掌握，因此常常受到评论家的批判。尽管如此，人们还是为他高贵的理想主义所折服。一个年轻的学生曾经向罗曼·罗兰寻求一些人生的指导，罗曼·罗兰是这样回答他的：没有人可以指导你的人生！人生就像在波涛汹涌的

文学大师罗曼·罗兰

大海里航行的一叶扁舟，船上的乘客只有你一个人，你必须自己把握小船的航向。人生的航向永远都可以用诚信来把握，有了诚信，你的小船才不会被金钱、荣誉的大海吞没！

萧伯纳

高超的幽默，尖锐的讽刺

我一直絮絮叨叨地向人们宣扬自己无比聪明，才华横溢又巧于辞令。现在，这已成为英国部分公众的舆论，这种情况是天地间任何力量都改变不了的。

——萧伯纳

萧伯纳生于爱尔兰首都都柏林，他的曾祖父是爱尔兰贵族，家族显赫，但是后来到了他祖父那一辈，家道就衰落了，所以萧伯纳的家境和一般穷人的没什么两样。

1932 年，萧伯纳与凯勒小姐合影

第五章 文学奖

萧伯纳从小就酷爱读书，而且天赋过人，七岁起他就开始读莎士比亚的剧本了。除了表现出来的文学特长外，他在音乐方面也特别有天赋。他会吹口琴，许多著名的歌曲都能完完整整地演奏。但是由于家里实在是不能支持他继续读书，萧伯纳中学没读完就辍学，直接进入都伯林一家地产公司当了一名小职员。

但是萧伯纳不忘读书和写作，幸运的是，他的朋友们都是文学爱好者，所以在工作空余时间，他们经常举行一个他们称作"笔头辩论"的活动。所谓"笔头辩论"，就是设定一个问题，大家用写作的方式进行"论战"，你一篇，我一篇。这样，既锻炼了脑筋的灵活性，也使写作能力得到提高。这样的论战对萧伯纳文学思维的发展起到了至关重要的作用，在这种"决斗"中，他需要面对朋友的文章，迅速想出自己的文章，时间要短，语言要精练，而且很具有挑战性。一次，萧伯纳把自己写的一篇"笔头辩论"后的"战果"寄给一家杂志社，竟被采用了。朋友们都替他高兴，纷纷鼓励他写大部头的作品。

萧伯纳的文学始于小说创作，但突出的成就是戏剧，他的戏剧使他成为当代"最迷人的作家"。对萧伯纳的戏剧创作影响最深的是挪威剧作家易卜生。和易卜生一样，萧伯纳坚决主张艺术应当反映迫切的社会问题，反对"为艺术而艺术"。他认为作

家应该有责任感，应该去社会中探究现实问题，去批判现实中不合理的地方。他最反对的就是一些作家为了迎合读者刻意虚构故事的行为，在他看来，这是比盗窃还要可耻的做法。在这一思想的指导下，萧伯纳的许多创作都反映了非常现实的社会问题，而这些戏剧由于极贴近老百姓的生活，获得了极大的成功，其中影响较大的有《鳏夫的房产》《华伦夫人的职业》《巴巴拉少校》《苹果车》等。

萧伯纳杰出的戏剧创作活动，使他获得了"20世纪的莫里哀"之称。1925年，萧伯纳荣获诺贝尔文学奖，诺贝尔奖委员会的意见是：萧伯纳的作品具有理想主义和人道主义精神，其令人激动的讽刺往往浸润着独特的诗意之美。

萧伯纳是一个天生的幽默家，在文学创作

萧伯纳作品《康蒂妲》插图

中,他的语言常常能让读者忍俊不禁而又回味无穷。对此,萧伯纳是这么解释的:"如果不将真理和玩笑混合起来,你希望有什么人来听你的呢?"在生活中,这位大文豪高超的幽默艺术也引出了许多轶闻趣事,被后人传为美谈。

成名之后,萧伯纳常常被邀请参加一些晚宴。一次,萧伯纳与一位身体肥胖、珠光宝气的阔太太坐在一起,这位阔太太显然有钱有势,对自己似乎很是满意,但是唯一不足的就是自己太胖了。于是她娇声娇气地问萧伯纳:"您知道哪种减肥药最有效?"萧伯纳向来对这类不劳动却又坐享富贵的人非常厌恶,于是他决定作弄一下她。萧伯纳仔细看了看这位胖夫人,然后若有所思地说道:"我倒是知道一种药,遗憾的是,这是一种外国药,我翻译不出它的名字。"胖太太非常急切地看着他,眼里流露出一丝渴望,萧伯纳故意顿了一下,接着说道:"这种药的名字叫作'劳动'和'运动',这两个词对您来说可能比较陌生。"胖太太脸色立刻变得青一块白一块的,气呼呼地走了。

萧伯纳使用打印机

还有一个有名的故事:一位美丽的女演员觉得自己爱上了萧伯纳,于是她便给萧伯纳写信,信中写道:"萧伯纳先生,我写信向您表达我对您的爱慕,您想想,如果我们的孩子拥有您的智力和我的美貌,那该是多么美好的一件事啊!"萧伯纳很快回信了,他没有拒绝美丽的女演员,只是在回信中写道:"如果不幸的是,生下来的孩子容貌像我,智力像您,那该怎么办呢?"

1950年,94岁高龄的萧伯纳与世长辞。作为幽默大师,连墓志铭都与众不同,他这样写道:"我早就知道无论我活多久,这种事情是一定会发生的。"短短两句话尽显幽默却富含哲理,让人在笑过之后陷入沉思。是啊,人的生命是有限的,如果仅仅追求生命的长度,而不重视生命质量的提高,那么活着又有什么意义呢?

赛珍珠

中国味道的美国小说家

> 我已经学会了热爱中国的农民,他们如此勇敢,如此勤劳,如此乐观而不依赖别人的帮助。长久以来,我就决定为他们讲话。
>
> ——赛珍珠

148

赛珍珠是为数不多的获得诺贝尔文学奖的女作家之一

赛珍珠于 1892 年出生于美国西弗吉尼亚州,她出生后三个月便被身为传教士的父母亲带到中国。此后,虽然几次返回美国,但是她在中国待了近四十年,她把自己的前半生留在了中国大地上。

赛珍珠从小就受到中西两种文化的熏陶,她从小就和中国孩子一样,接受中国传统的私塾式教育,学习《四书》《五经》等中国儒家启蒙书,说中国话,写中国字,还和中国孩子一块儿玩耍。她母亲则按照美国学校的课程设置对她进行启蒙教育,学习欧美以及古希腊、古罗马方面的文史课程。童年的赛珍珠印象最深的是奶奶给她讲的各种民间传说和厨师所讲的《三国演义》《水浒传》的故事。由于在很小的时候就接触到了东方和西方两种不同的文化,她逐渐体会到不同文化之间的巨大差异,进而开始思考这些差异,总之,从小受到的双重教育使赛珍珠获益匪浅。

赛珍珠虽然是美国人,可是她却是以中国农村题材的小说作品闻名于世的。1931 年,赛珍珠居住在安徽农村,在那里,她认识了许多当地的农民。当时的中国灾难深重,农民的生活更是苦不堪言,但是中国的农民表现出来的精神却让赛珍珠感动。她亲眼目睹了一位农民应对艰难生活的经历,和他一起分享了战胜困难之后的快乐。这个故事就构成了长篇小说《大地》的素材。《大地》一书出版后,整个世界都轰动了,尤其是在美国,不到一个月的时间就占据了畅销书排行榜的头名,世界人民终于有机会近距离地看到苦难中的中国人到底在怎样生活。1935 年,《大地》一书使赛珍

赛珍珠接过获奖证书

珠获得美国文学艺术的最高荣誉普利策奖。1938 年,凭借《大地》一书,赛珍珠成为美国历史上第一个获得诺贝尔文学奖的女作家。诺贝尔奖评委会认为,西方国家对

中国这个神秘国度一直缺少了解,赛珍珠用最生动的文字描写了中国农民的生活。在文学创作中,她能够站在中国人的立场上,从中国人的视角观察中国人的生活,最直接地反映了中国人的心理、愿望、喜恶和情感。她的小说甚至可以被认为是 20 世纪 30 年代整个中国农村的缩影。赛珍珠获得诺贝尔文学奖当之无愧!

在战乱的中国,一个美国女性,却能够和中国老百姓一起生活几十年,这本身就是一件难能可贵的事情。她受过良好教育,深刻体会

获奖后的赛珍珠接受采访

到中西方两种文化的差异,以仁义、博爱情怀,关注着中国贫苦阶层的命运,这从任何角度来讲,都是一件伟大的事情。赛珍珠对中国农民有着深切的了解和同情,在她的笔下,中国农民具有顽强的生命力,他们吃苦耐劳,脚踏实地,自强不息,对激进的政治运动有着强烈的反感和抵触。

赛珍珠对中国另外一个伟大贡献便是,她翻译了中国古典文学名著《水浒传》,名为《四海之内皆兄弟》,这是《水浒传》的第一个英译本。西方文学家第一次接触到中国的古典小说,他们对中国文化的印象也因此而改变。西方文学大师们第一次发现,灾难深重的中国竟然有着如此博大悠远的文化。

在她获得诺贝尔文学奖的颁奖典礼上,她也不忘向全世界介绍她接触了近半个世纪的中国文学,她致谢辞的题目是《中国小说》,她说:中国的古典小说与"世界任何国家的小说一样,有着不可抗拒的魅力""一个真正受过良好教育的人,应该知道《红楼梦》《三国演义》这样的经典之作"。经过她的努力,世界逐渐认识中国文化的博大,西方国家里对中国文化感兴趣的人越来越多了。

半个多世纪以来,几乎所有美国中学的学生都要阅读她的作品《大地》,这部作品也被美国媒体评为"美国人最该阅读的二十本书"之一。

赛珍珠晚年致力于慈善事业

引用历史学家们的话来评价赛珍珠:她是自 13 世纪马可·波罗以来写中国题材最有影响的西方作家。

海明威

硬汉子精神

一个人并不是生来要被打败的，你尽可以把他消灭掉，可就是打不败他。

——海明威

海明威是为我国读者所熟知的美国作家之一。他的《太阳照样升起》《永别了，武器》《丧钟为谁而鸣》《老人与海》等作品已经广为流传，可以说，他的生命和文字已经激励了整整一代人及后世。

战争的惨烈和荒诞，战后西方资本主义社会的道德沦丧和精神崩溃，"硬汉子"的形象以及豪饮、钓鱼、滑雪、打猎、拳击、斗牛的潇洒人生，以"冰山"为象征

海明威

的深沉含蓄的艺术风格和简洁明快的散文语言……

1899 年 7 月 21 日，海明威出生在美国伊利诺伊州芝加哥郊外橡树园镇一个医生的家庭。他的父亲酷爱打猎、钓鱼等户外活动，他的母亲喜爱文学，这一切都对海明威日后的生活和创作产生了极大的影响。

第一次世界大战爆发后，海明威非常想亲临战场领略战争，他加入美国红十字会战场服务队，投身意大利战场。战争中，海明威表现勇猛，屡立战功。大战结束后，海明威被意大利政府授予十字军功奖章、银质奖章和勇敢奖章，获得中尉军衔。但是伴随荣誉的是他身上237 处的伤痕和赶不走的恶魔般的战争记忆。

海明威和妻子哈德莉

康复后的海明威当了记者，他供职于加拿大多伦多《星报》常驻巴黎。从小，他就对创作怀着浓厚的兴趣，借着当记者接触文字的机会，他一面当记者，一面写小说。在近十年的时间里创作出了许多不朽的作品，这一时期最有代表性的是《太阳照样升起》。《太阳照样升起》是海明威第一部重要的小说。写的是像海明威一样流落在法国的一群美国年轻人。他们在第一次世界大战后，迷失了前进的方向，战争给他们造成了生理上和心理上的巨大伤害，他们非常空虚、苦恼和忧郁。他们想有所作为，但战争使他们精神迷惘，尔虞我诈的社会又令他们非常反感，他们只能在沉沦中度日，美国作家斯坦因由此称他们为"迷惘的一代"。这部小说是海明威自己生活道路和世界观的真实写照。

1929 年，海明威写成长篇小说《永别了，武器》，这是"迷惘的一代"这个文学流派的最好作品。

海明威和孩子

海明威辞去记者职务之后，离开了巴黎，到古巴过着宁静的田园生活。他经常去狩猎、捕鱼、看斗牛。这样的好日子没过多久，第二次世界大战就爆发了。海明威毅然放弃了宁静的生活，他以战地记者的身份奔波于西班牙内战前线,并参加了解放巴黎的战斗。太平洋战争爆发后,海明威将自己的游艇改装成巡艇,侦察德国潜艇的行动,为消灭敌人提供了有用的情报。第二次世界大战结束后,因为他的积极贡献,他获得一枚铜质奖章。

海明威(右一)与友人在一家书店前

这段战争的生活也给海明威的记忆打下了深深的烙印,1940 年,海明威发表了以西班牙内战为背景的反法西斯主义的长篇小说《丧钟为谁而鸣》。在小说中,战争世界是毁灭人、毁灭美好事物的巨大的破坏力量,这表明了海明威坚持正义的立场。

海明威在伏案创作

1952 年,海明威发表了中篇小说《老人与海》,这是一部中国读者最为熟悉的小说,"一个人并不是生来要被打败的,你尽可以把他消灭掉,可就是打不败他。"海明威通过主人公的故事,赞扬人类勇敢顽强的精神,以及面对艰难困苦时所显示的坚不可摧的精神力量。

《老人与海》的主人公是海明威所崇尚的完美的人的象征:坚强、宽厚、仁慈、充满爱心,即使在人生的角斗场上失败了,面对不可逆转的命运,他

仍然是精神上的强者,是"硬汉子"。"硬汉子"是海明威作品中经常表现的主题,这一硬汉思想也给美国文化以巨大的影响。海明威作品中的人物,在面对外界巨大的压力和厄运打击时,仍然坚强不屈,勇往直前,甚至视死如归,尽管他们失败了,却保持了人的尊严和勇气,有着胜利者的风度。这也是全人类应该推崇的精神。

海明威一生勤奋创作。每天早起的第一件事就是进行写作。他写作时,还有一个常人没有的习惯,就是站着写。他说:"我站着写,而且是一只

海明威传记封面

脚站着。我采取这种姿势,使我处于一种紧张状态,迫使我尽可能简短地表达我的思想。"

"因为他精通于叙事艺术,突出地表现在他的名著《老人与海》中,同时也由于他在当代风格中所发挥的影响",海明威于1954年获得诺贝尔文学奖。

获奖之后,海明威的身体每况愈下,他患有多种疾病,给他的身心带来极大的痛苦,没能再创作出很有影响的作品。创作上的打击使他精神抑郁,形成了消极悲观的情绪,最后以自杀这种方式解脱了自己。1961年7月2日,蜚声世界文坛的海明威用猎枪结束了自己的生命。

加缪

荒诞的哲学

　　我不信神，但我仍然崇拜一个圣徒，仍然要跪在一个圣徒面前祈祷——那就是加缪笔下的西西弗斯。

——君特·格拉斯

　　阿尔贝·加缪,是法国存在主义作家和评论家。1913 年,加缪出生于阿尔及利亚蒙多维城,父母都是农民。在第一次世界大战中,加缪的父亲不幸死在战场上,加缪只能随寡母一起生活。母子俩的生活非常艰苦,他们住在贫民区,接触的都是社会最底层的老百姓。因此对他们的生活,加缪非常熟悉,因为那也是他自己的生活,对于他们的不幸遭遇,加缪充满了同

法国存在主义作家加缪

第五章 文学奖

情。阿尔及利亚穆斯林非常多,加缪的家人也是穆斯林。可是在欧洲,穆斯林往往在社会中受到一定的歧视,因此他又常常感到孤独。在学校中,加缪成绩优秀,因此尽管家庭非常贫穷,他还是依靠奖学金读完中学和大学,获得哲学学士学位。

1933 年当希特勒在欧洲宣扬法西斯主义的时候,加缪加入了法国共产党,因为他感觉到法国共产党是一个思想先进的党。可是,法国共产党逐渐改变了对阿拉伯人的政策,加缪本身就是阿拉伯人,他宣布退出法国共产党。但是对于这个政党的其他思想,他还是接受的,于是他们仍然一起合作宣传民主思想。加缪曾经在《阿尔及尔共和报》担任记者。作为记者,他通过在报上发表文章抨击社会的不合理现象。在第二次世界大战期间,他又为反对法西斯的暴政积极奔走,宣扬抵抗运动。

加缪是法国 20 世纪文学史上的巨人,他与让·保罗·萨特齐名。他的作品中蕴涵着极强的精神价值和魅力,许多青年人在读了加缪的作品之后,都感觉思想得到了升华。

加缪

19 世纪 30 年代,他出版了随笔集《反与正》、散文集《婚礼集》。这些散文、随笔抒情色彩浓重,文章中处处体现出存在主义的观点。法国另外一位伟大的现实主义作家萨特认为,我们这个世界是一个"肮脏的世界",而加缪却不同意,他认为我们的世界是一个"荒诞的世界"。其实,虽然名称上有所差异,理解上也不尽相同,但都是观察我们的社会现实,抨击其不合理的地方。加缪"荒诞的世界"也为他的作品带来了一个名号:荒诞派文学。作为荒诞派文学的倡导者,加缪的作品反映的是人世间、现实社会中的一切冷漠、荒唐的事物。这些让人寒冷的人在加缪的笔下得到升华,栩栩如生,他们都具有荒诞的感情,总是与社会格格不入,甚至觉得自己活在世界上也是一种错误。在现实社会中,他们仿佛就是"局外人",不是别人把他们当作局外人,而是他们自己把自己当作这个荒诞社会的"局外人"。"局外人"是世界文坛的一个令人印象深刻的形象,是加缪在他的第一部小说《局外人》中塑造出来的。

《局外人》是加缪的成名作,也是他的代表作。小说塑造了一个小职员莫尔索,他堪称是加缪反映"荒诞"的第一典型形象。莫尔索对现实社会中的一切都是漠不关心的，人生对他来说没有什么意义，外界所有的事物在他心目中都变得超脱起来，这种超脱其实是一种麻木。母亲不幸去世，他不流一滴泪；女友离他而去，他一点也不悲伤，单位决定给他加薪，他也不觉得高兴。他漠视社会道德，无视法律制度，最终被判刑，即便是在自己即将入狱的时候，他心中感到的也是冷漠的，不屑一顾。加缪深厚的文学功底令人赞叹，仅仅用了几万字就为我们塑造了一个有血有肉栩栩如生的人物，莫尔索性格独特，内涵丰富，成为研究文学史的学者反复研究的人物形象。

在加缪眼中，世界是荒诞的，一切都是荒诞的。这种荒诞通过《局外人》完完全全地表现了出来。在现实社会中，人对周围的其他人基本上是漠不关心，那么人的存在也就令人感到陌生。加缪的小说对现实社会的这种冷漠进行了放大，小说的主人公生活在一个与他完全不相关的世界里，他视世界上其他一切事物均为局外人。荒诞感因此而产生，莫尔索的荒诞可以看作是他对环境的自觉反应，也可以看作是他对这不合理的社会中的种种规则的反对。对于这一形象批评家们观点各不相同，有人把莫尔索看作自然人、野蛮人、荒诞的人、低能的人，也有人把他看作是理性的人、清醒的人、现代的人等。"局外人"究竟

加缪

是怎样的人，这个答案变得扑朔迷离，不同的读者也从中获得了不同的探索乐趣。

1939年，加缪写成四幕剧《加里古拉》，并于1945年搬上了舞台；1942年，他又出版哲学随笔《西西弗斯的神话》，加上《局外人》一共三部作品，组成了加缪的荒诞三部曲，这也成为反映加缪荒诞思想的力作。

其中比较著名的是《西西弗斯的神话》，《西西弗斯的神话》故事来源于希腊神话，西西弗斯获罪而被罚做苦役，他被罚每天把一块大石推上山，随后巨石又滚到山下，再推上山再滚下去，如此周而复始，永无止境。这样的故事被加缪用来比喻人类的生存状态，每天都在重复同样的劳动，做的事情毫无意义，但人们却依然自得其乐。更难得的是，《西西弗斯

加缪

的神话》中的西西弗斯并非对自己的劳动毫无所知,他明白自己做的事情是没有意义的,是重复劳动,可是他接受了这种荒诞的命运,因而被称作"荒诞英雄"。

二战中,加缪所居住的法国受到德国纳粹的占领,加缪积极参加反法西斯的抵抗运动。其间他也未停止创作,但是一个重要的转变是,他的思想从强调个人的精神发展到重视集体的团结斗争。1947年出版的长篇小说《瘟疫》,就是这种转变的典范。小说描写的是奥兰市遭受的一场瘟疫,为了对抗瘟疫,人们进行了不屈不挠顽强的斗争,其中团结斗争的作用被完整地诠释出来。事实上,这是法西斯蹂躏下的法兰西人民的生存状态的写照,尽管纳粹猖獗,但是人们的斗争从来没有停止过。作者的目的在于,面对荒诞的世界,法兰西人民应该团结起来共同抗争。"瘟疫"已不仅是一种具体的传染病,在加缪的笔下这种意义得到升华,它象征的是一种更为广泛的概念,象征的是纳粹、战争、疾病、孤独、离别、死亡、恶行等多个层面。《瘟疫》出版后一周,立即得到整个反法西斯世界的响应,社会各界好评如潮。这部小说进一步确立了加缪在西方当代文学界的重要地位。

1957年,加缪获得诺贝尔文学奖,评奖委员会对他的评价是:"他的作品透彻认真地阐明了当代人的良心所面临的问题,引人思考。"

川端康成

冷酷现实里的诗情

我想去的不是欧美，而是东方的灭亡的国家，或许我是个亡国奴。再没有什么人间的形象比地震时逃亡者那源源不断的行列，更能刺激我的心。可能由于我是个孤儿，是个无家可归的孩子，哀伤的、漂泊的思绪缠绵不断。

——川端康成

川端康成是日本著名作家，他的作品以卓越的艺术手法，表现了道德性与伦理性的文化意识，同时也在架设东方与西方的精神桥梁上做出了贡献。他的著名作品有《伊豆的舞女》《雪国》《千羽鹤》等小说。

川端康成很小的时候失去了父母，几年之后，祖母和姐姐又相继离开人间，从此他只能和祖父相依为命，而他的祖父眼睛、耳朵都不好

"无言的死，就是无限的活。"

使，川端康成仿佛就是和一个又聋又瞎的人生活在一起。从小的不幸使得他非常敏感，他的心中从此埋藏了忧伤的影子。16岁时，祖父身体日渐虚弱，眼看快要不行了，川端康成心里悲痛万分，忽然一个念头闪过他的心底，他想把这些事情都记录下来，就在这样的念头下，他写成了《十六岁的日记》这本书。这本书记录了祖父在病床上最后的一段日子，整本书流露出来的痛苦让人心碎。但是，也正是在这本书里，川端康成的创作才华显露了出来。

少年的川端康成非常聪明，尤其喜爱阅读名著，世界名著和日本名著几乎都被他读遍了。其中他最喜爱的要数日本名著《源氏物语》。虽然书中的文字对幼小的川端康成来说略显深奥，但是只朗读字音，欣赏着文章优美的抒情调子，就足以让川端康成着迷。从小的广阅群书对川端康成后来的文学创作产生了深远的影响，他后来的写作一直保持着少年时代那种歌一般的旋律。这一段时期可以看作是川端康成的文学萌芽期，这时候，他开始喜爱写作，开始向往文学的殿堂，并且，他把过去所写的诗文稿子装订成册，不管好坏都保留起来。

川端康成1924年大学毕业，此后他就开始了文学创作生活，做了一名专职作家。川端康成幼年忧郁的天性在这个时候更加明显了，不仅在生活中如此，在他的作品中也处处透露出悲伤忧郁的气息。短篇小说《伊豆的舞女》就是在这一背景下创作的，它是川端康成早期创作的爱情名篇。小说描写的是一个20岁的高中学生和一位14岁的卖艺舞女在伊豆岛邂逅、相恋、相别的故事。川端康成在小说中描绘了一段似有似无、若隐若现的爱情，文字行云流水，如诗如画，整部小说充满了柔弱而纯真的情感。其实，这是川端康成自己一次神奇经历的回忆：有一次，川端康成和朋友们一起去伊豆旅行，途中他们碰到了一群巡回演出的艺人，剧团里面有一位和他年纪相仿的年少舞女，舞女面容清秀，气质脱俗，川端康成立刻被深深吸引住了。舞女也对川端康成有好感，因为从来没有人像川端康成这样平等而友善地对待过她。就这样一对青年男女相遇了，川端康成从小就孤独，心中充满了哀伤，能与这样的女子相识，格外珍惜；舞女时常受人歧视，能遇到这样友善的青年人，平等待人，自然激起了感情的波澜。就在这样的平淡中，两人产生了真挚的友情，甚至彼此流露出淡淡的爱。可是，旅行结束的时候，这段淡淡而忧伤的感情却不得不告一段落，川端康成自然是悲伤

川端康成是个围棋爱好者

无比,舞女也依依不舍。回到家中,川端康成抑制不住心中的感情,便将它付诸纸笔。

川端康成的另一部长篇小说《雪国》也是闻名于世的经典之作,集中体现了他的主观化、主客一体的新感觉派的理论主张。日本评论家长谷川泉称其为"运用新感觉派手法的典型作品"。

《雪国》没有激荡的情节,它的经典之处在于它几乎全部由感受性的描写组成。此外,这部小说真切地反映了当时日本社会的世相,对生活的完整写照使得小说又提升了一个档次。

《伊豆的舞女》《雪国》是川端康成不断追求艺术的完美,不断创新的结晶。书中对日本文学手法的运用到了登峰造极的地步,同时,

川端康成

川端康成大量阅读西方文学所形成的西方文学特点也在这两部作品中得到完美体现。这两本书开辟了日本文学的一条新路。

川端康成是个很高产的作家,在他几十年的创作生涯中,一共写了超过500部的小说,此外他在小说、散文、评论等多个领域都有极高的造诣。在艺术水平上,川端康成的小说也到了登峰造极的地步。艺术个性强烈,艺术特色鲜明是他小说的一大特点,几十年的创作生涯形成了自己独特的风格:孤独的主观感情色彩、忧郁的感伤抒情情调、人情与人道主义精神以及虚无与颓废的思想等。

1968 年,川端康成获得诺贝尔文学奖,在获奖致辞中,诺贝尔文学奖评选委员会主席安德斯·奥斯特林是这样评价川端康成的:"川端先生明显地受到欧洲近代现实主义的影响,但是,川端先生也明确地显示出这种倾向:他

川端康成接受采访

忠实地立足于日本的古典文学,维护并继承了纯粹的日本传统的文学模式。在川端先生的叙事技巧里,可以发现一种具有纤细韵味的诗意。"他是日本历史上第一位获得诺贝尔奖的文学家。

在成绩、名誉和地位面前,川端康成在《夕照的原野》一文中这样叙述自己的心情:"名誉和地位是个障碍。过分的怀才不遇,会使艺术家意志薄弱,脆弱得吃不了苦,甚至连才能也发挥不了。反过来,名誉又能成为影响发挥才能的根源……如果一辈子保持名誉市民资格的话,那么心情就更沉重了。我希望从所有名誉中摆脱出来,让我自由。"

这样一位忧郁而伟大的文学家,在面对荣誉的时候,心中却藏着难言的痛苦……在荣获诺贝尔文学奖仅仅四年之后,川端康成突然在家中含煤气管自杀。人们对他的死并不感到意外,心中只有隐隐的痛,因为早在1962年川端康成就说过:"自杀而无遗书,是最好不过的了。无言的死,就是无限的活。"

川端康成领奖

162

美国黑人之音

托尼·莫里森

没有人比托尼·莫里森写得更美,她始终不懈地探索非洲裔美国人的复杂性、恐惧和生活中的爱。无理的批评没有阻止她,过分的赞美也没有使她跌倒,她是配得上这一荣誉的作家。

——艾丽丝·沃克

托尼·莫里森 1931 年出生于美国的俄亥俄州的一个小镇。父亲洛里恩是船厂焊接工。母亲是忠实教徒并且参加教会歌咏队,在白人家帮佣。为了逃避种族歧视,父母从俄州(美国中西部)迁徙到美国南方,又为了工作迁移到北方。父母都为黑人文化感到骄傲,她从小在家里学会无数的黑人歌曲,听过许多南方黑人的民间传说。在黑人文化的影响和熏陶下,她读遍与此相关的书籍,尤其对文学有兴趣。

小学一年级时,她是班上唯一的黑人,不过很能和白人孩子交朋友,直到开始交男朋友时才感觉到种族歧视。莫里森是家里四个孩子中的老二,她出生时正值美国经济大萧条时期,父亲靠做零工维持一家人的生活。为了在经济上帮助家庭,莫里森 12 岁便开始打工,同时顽强地坚持学习,以优异的成绩读完高中。

1949 年她以优异成绩考入华盛顿专为黑人开设的霍华德大学,攻读英语和古典文学。在校期间,莫里森曾利用暑期巡回演出

的机会回到南方故土,吸收那里的文化营养。1953 年大学毕业后,莫里森进入康奈尔大学深造,研究福克纳和伍尔夫的小说,于 1955 年获文学硕士学位。此后她先后在南得克萨斯大学和霍华德大学教书。

在霍华德大学任教期间,莫里森常和一些诗人、作家聚会,这使她萌生了创作的欲望。婚姻出现裂痕以后,她更以写作作为精神寄托。1970 年,她的第一部小说《最蓝的眼睛》发表。小说写一个黑人小女孩十分希望获得一双美丽的蓝眼睛,却由此陷入了更加痛苦的深渊。这部作品是对当时流行的“黑人是美的”口号的一种反讽,同时也是对黑人社会追求白人式美丽的一种质问。这部小说为莫里森赢得了“当代

莫里森像

美国黑人社会文学观察家"的称号。莫里森最初步入文坛只是出于对文学的爱好,也是为了在某种程度上缓解自己生活中的痛苦。但就在她开始发表作品之际,美国黑人民权运动发展到一个新的高潮,这使她将个人痛苦与黑人妇女的生活现实结合在一起,从而在作品中形成了一种将神话色彩和政治敏感有机地结合起来的独特风格。

1966 年,她在纽约兰登书屋担任高级编辑,曾为拳王穆罕默德·阿里自传和一些青年黑人作家的作品的出版竭尽全力。她所主编的《黑人之书》,记述了美国黑人300 年的历史,被称为美国黑人史的百科全书。

1973 年,莫里森又发表了她的第二部小说《秀拉》,小说刻画了一个有叛逆精神的黑人妇女形象,打破了以往黑人小说中黑人总是对白人又恨又怕的性格模式。秀拉放荡不羁,我行我素,因而使她处于与老一代黑人和新一代黑人的双重矛盾当中。作者以秀拉的叛逆与白人相对照,提出了黑人妇女应享有的权利,反映了作者要求平等的愿望。

《所罗门之歌》被认为是莫里森的代表作,于 1977 年创作完成。莫里森把回归黑人文化这个主题诠释得淋漓尽致。莫里森在小说中塑造了一个在黑人文化洗礼下最终返璞归真的黑人少年奶娃。小说以“黑人会飞”这则古老的民间传说为故事主线和象征核心,通过北方城市一个富裕黑人家庭的小儿子奶娃南行故土寻找金子,从而意外找到家族之根、文化之源的人生经历,展现出一幅绚烂壮阔的黑人生存画卷,揭示出新老两代、男女两性、贫富两极间的种种冲突,提出了在物质生活日益发展的今天,如何才能解决精神生活贫乏、文化无根的这一严峻社会问题。

《所罗门之歌》融合现代主义和现实主义,以极具想象力又颇具口语化风格的语

《所罗门之歌》

言,运用民间色彩浓厚的神话故事,阐释了一个深刻的人类命题。黑人吟唱的所罗门之歌以及所罗门飞翔的传说贯穿整部小说,是黑人文化的象征,也是黑人向往自由、回归自我的精神寄托。

《所罗门之歌》是关怀种族命运和精神追索的巅峰杰作,其笔触酣畅灵动、想象魔幻神秘、架构广阔宏大、情节跌宕起伏,将以"奶娃"为主人公的一家三代的代际冲突、种族疑虑、文明失落书写得淋漓尽致,将一曲"出走—回归"的悲壮之旅书写得荡气回肠。作品集中体现了作者的创作风格,将现代主义与现实主义巧妙地结合在一起,将精彩的故事与严肃的主题熔于一炉,从而提出一个严峻的社会问题:在物质生活日益富足的同时,如何才能解

决精神生活上的贫乏乃至堕落。作者似乎认为,只有让黑人返璞归真,恢复本民族古朴的风范,才能逃脱精神的桎梏。

自我追寻是莫里森小说的一个重要主题。正如非洲和美国在地理上是分离的一样,非洲美国人的自由也是断裂的。一方面,渴望加入美国主流社会;另一方面,又要保持自身的黑人文化传统。因此,总是在自我和异化之间痛苦地挣扎着。这里黑人自我异化主要是自我与自身文化传统的断裂(主要表现在忘记过去、历史和母亲缺席等)和白人世界中主流文化对黑人文化渗透和颠覆造成的,而莫里森的小说旨在修复黑人文化、文化传播的断裂及黑人自我的异化。同时小说家本人也在警示他们:无论怎样都不要离开黑人社区。在莫里森看来离开黑人社区越远也就越危险。因为黑人的自我追寻和实现从来不是孤立的,总是要和所处的黑人团体相联系的,离开了这个团体,个体就会孤立无依,并且可能会丧命,更谈不上追寻了。追寻不但不能离开黑人社区,而且还不能脱离过去⋯⋯历史。

莫里森可以说是一位学者型的小说家。莫里森的主要成就是她的长篇小说。这些作品均以美国的黑人生活为主要内容,笔触细腻,人物、语言及故事情节生动逼真,想象力丰富。在创作手法上,她那简洁明快的手法具有海明威的风格,情节的神秘感又近似南方作家福克纳,当然还明显地受到拉美魔幻现实主义的影响。但莫里森更

勇于探索和创新,摒弃以往白人惯用的那种描述黑人的语言。1993 年,由于她"在小说中以丰富的想象力和富有诗意的表达方式使美国现实的一个极其重要的方面充满活力",莫里森获诺贝尔文学奖。

获奖后,莫里森接受了记者的采访。莫里森认为,自她的第一本小说《最蓝的眼睛》起,写作便成了与世界紧密结合的一种方式。清理过去成为一种必要、一种可能,而整个选择过程有规律,有方向,是真正的思考,完全不同于简单的感受和解决某个问题。"写作是我唯一为自己、靠自己做的工作。在写作中,你可以用一种独特的方式行使自己的主权。所有的感觉都在发挥作用,有时是同时,有时是先后。当我写作时,我所有的经验都是关键的、有用的。……我认为,写作赋予我的正是万有引力、空间和时间在舞台上赋予舞蹈者的东西。它充满活力、和谐,流动而又宁静。"

对莫里森而言,黑人的过去是黑人无法割断的纽带,过去是黑人文化精髓的宝库,只有回归过去才能找到黑人灵魂的寄托。这里的"过去",在莫里森的笔下,既包括非洲也包括旧南方,而旧南方也和非洲一样,是指黑人传统。莫里森小说中的人物或在争取自由的道路上过于疲惫,或是误以为他们已经获得了自由,或是面临着被白人文化同化的生存困境,往往忘记过去,从而放弃自我追寻。

莫里森是一位有着强烈种族意识的作家,面对黑人的过去与现实,在作品中倾注了自己对同胞命运的关心和同情,始终把黑人的历史和前途作为作品的主题。写黑人在美国社会的生存困境,揭示蓄奴制和种族歧视对黑人的精神摧残,写白人的价值观使黑人人性遭到扭曲,也写黑人社会内部对自己同胞的排斥和伤害。她写人的精神世界、心路历程、内心的创痛、骚动和渴求,写对自我的寻找和对自己文化之根的追寻。黑人要实现自己的生存价值,要找回尊严和独立的自我,必须保持自己的价值观念和文化传统,从而才能有真正的生活。

那时候我既是一个故事的聆听者，也是一个故事的传播者。我听了这样的故事，我就忍不住想对别人说。

——莫言

167

莫言，本名管谟业，1955 年 2 月 17 日出生于山东高密县。莫言的文学道路并不一帆风顺，而是充满了坎坷和曲折。

小时候在家乡上学时，便经常偷看"闲书"，包括《封神演义》《三国演义》《水浒传》《儒林外史》《青春之歌》《三家巷》《钢铁是怎样炼成的》等等。莫言的文学功底很好，作文写得非常漂亮，经常被老

莫言

师当作范文朗诵。1967 年小学五年级时，他因"文革"和得罪别人被迫辍学回家务农，当起放牛娃。

长大后，20 多岁的莫言离开家乡当了兵，历任班长、保密员、图书管理员、教员、干事等职。那时，他又拿起笔开始写作，作家梦在这个年轻人的内心再次熊熊燃起。当时，莫言写了很多作品，向

全国报纸、杂志投稿。他一般都选择地市级刊物投稿,而不是大报大刊。

每次莫言都满怀信心地把厚厚的稿纸装进信封,之后开始漫长且充满希望的等待,最后等来的往往是破烂不堪的退稿信封,里面最多塞上一封编辑部铅印的退稿信。

1981 年的一天,莫言收到一封保定市《莲池》编辑部的信,他发表了人生的第一篇短篇小说《春夜雨霏霏》。同年,他的女儿管笑笑出生。

1984 年秋天,尚不知名的莫言得到解放军艺术学院文学系主任、著名作家徐怀中先生的赏识,进入该系学习。军艺的学习对莫言的创作影响巨大,他曾说:"军艺使我的创作产生了一个巨大的转折。我明白了只有跟别人不同,才有可能冒出头来。"

至今,莫言共发表了 80 多篇短篇小说、30 部中篇小说、11 部长篇小说,出版过 5 部散文集、一套散文全集、9 部影视文学剧本,以及两部话剧作品。他的作品还被广泛地翻译成英语、法语、西班牙语、德语、瑞典语、俄语、日语、韩语等十几种语言。

1985 年,莫言发表了中篇小说《透明的红萝卜》,赢得全国性声誉,这成为他的成名作。这部小说与短篇小说《枯河》是姊妹篇,都有莫言少年时期当童工的惨痛记忆。1967 年,12 岁的莫言在工地旁因饥饿难耐,偷拔了生产队的一根红萝卜,被押送到工地进行批斗。他在毛主席像前痛哭流涕,申明再也不敢了,回家后又遭到父亲的毒打。

《透明的红萝卜》属于莫言探索和逐渐形成语言风格的作品,此前他的十几篇短篇作品都可以看作是摸索和积累。《透明的红萝卜》创造了一个令人难忘的、被侮辱、被损害、被遗忘的"黑孩"形象。莫言曾经说过,如果非要在他的小说中找一个原型,那一定是"黑孩"。他说:"《透明的红萝卜》发表后,我感觉过去几十年在农村积累的素材,我本人的经历都可以变成很好的小说。"

在军艺的两年里,尽管白天要上课,但莫言还是写出了 80 多万字的小说,其中包括《红高粱》。小说《红高粱》1986 年发表后,在文坛上引起震动。

莫言把《红高粱》的电影版权以 800 元卖给了当时的摄影师张艺谋。电影由姜文、巩俐主演,1988 年获得西柏林国际电影节金熊奖,引起世界对中国电影的关注。电影里,余占鳌在红高粱地里拦路打劫戴凤莲,这场戏就在莫言的家乡取景拍摄。另外,导演霍建起把《白狗秋千架》改编成了电影《暖》,

电影《红高粱》剧照

里面第一次出现了"高密东北乡"这个文学地理概念。

在写完《红高粱》系列之后，莫言开始了长篇小说的创作。38 岁的莫言在 1993 年推出了长篇小说《酒国》，那时下海大潮汹涌，文学遭遇冷落。莫言闲居在高密家里，有充分的时间构思和斟酌作品。

1995 年春天，莫言花 83 天完成了他最具争议的作品《丰乳肥臀》。洋洋洒洒 50 万言的小说因内容尖锐而引起轩然大波。在他获得"大家·红河文学奖" 10 万元奖金后，各种冷嘲热讽接踵而至，批判、挖苦源源不绝。但也有人说这是一部杰作。对于争议，莫言曾说："我觉得你可以不看我所有的作品，但如果要了解我的文学世界，你应该看看《丰乳肥臀》。"这是莫言的一部总结性的小说，从此，他结束了从《红高粱》开始的高密东北乡家族小说的写作。

《丰乳肥臀》后，莫言暂停了小说的创作，其间写了《红树林》等影视剧本，还创作了很多散文。直到 1999 年，他连续在《收获》杂志上发表了四部中篇小说，由此重返小说界。

此后几年，他陆续出版了长篇小说《四十一炮》《檀香刑》《生死疲劳》和《蛙》，至今已经出版了 11 部长篇小说。其中，2009 年底出版的《蛙》于 2011 年 8 月获得第八届茅盾文学奖。

莫言后期的创作速度越来越慢，因为他希望每一部作品都有些新的变化。在文学的道路上，莫言在艰难而又幸福地跋涉着。当年在《莲池》上发表《春夜雨霏霏》的那位 20 岁出头的青年战士，已经成长为一名享有世界声誉的著名作家。

莫言作品触及了乡土中国、社会经络的痛域，他写出了在中国文化背景下，或者从传统到现在的转型过程当中，中国人人性的挣扎与坚硬。他的作品有精神力量。中国当代有两个缺失，一个是传统道德观的缺失，还有现代文明的观念、秩序的缺失，在莫言的作品中，可以说既看到了人性的挣扎，也看到了人性的庄严。

莫言在众多小说中都是以高密东北乡为背景的，比如《丰乳肥臀》《檀香刑》《天堂蒜薹之歌》。最早最著名的以某个地方为基础创作大量小说的，是威廉·福克纳，福克纳创作的 15 部长篇与绝大多数短篇的故事都发生在他虚构的一个位于密西西比州北部的约克纳帕塔法县。2000 年 3 月，莫言在美国加州大学伯克利分校发表演讲《福克纳大叔，你好吗？》时说："他的约克纳帕塔法县尤其让我明白了，一个作家，不但可以虚构人物，虚构故事，而且可以虚构地理。"正是受到福克纳的启示，莫言将"高密东北乡"写到了稿纸上，莫言表示："我也下决心要写我的故乡那块像邮票那样大的地方。"于是从 1985 年《白狗秋千架》开始，莫言举起了"高密东北乡"的大旗，如

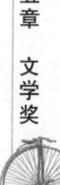

同一个草莽英雄现世,创建了自己的文学王国。这样就使得莫言的作品超越了一般"乡土文学"的狭隘性和局限性,而达到了人的普遍性存在的高度。

莫言高密旧居

对任何一个作家来说,他们都要回答这样一个问题:"为什么写作?"莫言的回答很现实,就是为了改变个人处境,"那时候之所以要写作,一方面有功利的原因,就是想改变自己的处境。但另一方面,确实感觉到心里有很多话要说,有写作的冲动和欲望,这种冲动和欲望就是对文学的迷恋和爱好,想用艺术的方式把自己的生活、把自己所看到的故事再描述给别人听。"

莫言在很多采访中都说,自己只是个讲故事的人,这些故事一是来自高密东北乡的口口相传,也来自他在这片土地上的浸淫。莫言说,他从小最迷恋、最崇拜的一种人就是"讲故事的人",而他生活的山东高密老家,到处都是讲故事的人,他从小听别人讲故事,也自己编造故事,最后自己也成了一个说书人。莫言曾回忆说:"在我们乡村的广场上,在我们的集市上,在寒冬腊月生产队喂牛、喂马的饲养棚里,我们都可以听各种各样的说书人,给我们讲述古今中外的故事。那时候我既是一个故事的聆听者,也是一个故事的传播者。我听了这样的故事,我就忍不住想对别人说。我回家对我的父亲母亲讲,对我的哥哥姐姐讲。他们刚开始对我的这种讲述非常反感,但是很快他们会被我的这种讲述吸引。我母亲后来也对我网开一面,允许我在集市上听人说书,允许我到别的村庄听村子里的人讲故事。回来以后,晚上面对很小的油灯,她做棉衣的时候,我在旁边讲我听到的故事。当然有的时候我记不全了,我就开始编造,当然我编造可能编得还不错,以至于我很小的时候也成了一个说书人。"而这些孩童时的经历成了他后来文学写作的源头,莫言自己也说:"我后来从事文学写作,写小说、写剧本,可能就是从给我母亲讲故事开始的。"

2012 年 10 月 11 日 19 时,瑞典诺贝尔委员会宣布将该年度诺贝尔文学奖授予中国当代作家莫言,以表彰他"将魔幻现实主义与民间故事、历史与当代社会融合在一起"。

第六章

和平奖

和平与团结，而不是纷争与战乱，促进了社会生产和科学的发展。一个世纪以来，科学技术水平的迅猛发展，也带来了战争水平的不断升级。诺贝尔发明炸药，并非为了征服，却不可避免地提高了武器的杀伤力。之后，从毒气战、坦克战到原子弹爆炸，科学技术成为双刃剑，促进人类发展的同时也威胁到脆弱的生命。今天，和平、发展与合作已成为国际主旋律，诺贝尔和平奖也成为和平卫士的最高奖项！

马丁·路德·金

死于暴力的非暴力崇尚者

当我们让自由鸣响，让自由从每一座村庄响起，从每一个州和每一个城市响起，我们就能使这一天更快来临，那时上帝所有的孩子，不论是黑人还是白人，犹太人还是非犹太人，新教徒还是天主教徒，都将手拉着手高唱一首古老的黑人圣歌："终于自由了！终于自由了！感谢万能的上帝，我们终于自由了。"

——马丁·路德·金

1955 年 12 月 1 日，在美国蒙哥马利市的一辆公共汽车上，一个名叫罗莎·帕克斯的黑人被警方拘捕了，原因是拒绝让座给白人。这件事在平常人看来真是家常便饭了，因为在蒙哥马利市的法令中有这样一条规定，就是在公共汽车上要进行种族隔离。

然而，有一位黑人在这件事上的看法却没那么简单，他就是马丁·路德·金。当时，他才刚刚大学毕业。当他得知这个事件

"黑人之音"马丁·路德·金

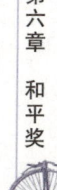

第六章 和平奖

的时候就敏感地意识到，在黑人兄弟的心中沉默已久的愤怒就要爆发了，他们的自尊提醒他们斗争的时刻来到了。针对这一事件，他及时地提出了一个响亮的口号："拒绝同不公平的法令合作，拒绝继续给公交公司以金钱支持。"

马丁·路德·金，美国人，生于 1929年，父母都是黑人，在美国属于中产阶层。马丁·路德·金曾在位于宾夕法尼亚州的克罗泽神学院读书，后来又在波士顿大学拿到了博士学位。"帕克斯事件"过后仅仅几天，他就在蒙哥马利市组织该市的五万多名黑人，揭开了一场声势浩大的罢乘运动的序幕。这是一场黑人为了自身的基

马丁·路德·金与妻子

本权利进行抗争的正义运动。这场运动不仅在美国南方历史上是第一次，在美国历史上也是第一次。这一年，马丁·路德·金仅仅 26 岁，还只是一座小教堂的牧师。

对于参加这场运动的大部分黑人来说，"非暴力政治"这个词并不是他们熟悉的一个字眼。但是，"要反抗"这个信念是他们发自内心深处的声音，试想一下，在充满种族歧视气氛的公共汽车上，事情已经不仅仅关乎坐与不坐本身，关乎的是作为黑人的基本人权和种族的尊严。

这场运动要坚持下来并不容易，这是一场对于意志和毅力的考验。当"罢乘"这一口号传出来的时候，几乎所有的黑人都给予了默默的支持和响应。他们不动声色地参与到运动中去，无论多么艰难和痛苦，他们都坚决不乘坐公共汽车，一切行动都依靠双脚。他们还将黑人拥有的本来就很少的汽车集中到一起，用于黑人们上下

马丁·路德·金领导美国黑人争取平等

班的接送。尽管这样，这么少的汽车怎么能承载那么多上下班的人，多数黑人上下班还是要依靠行走，正因为如此，很多人都因无法按时到岗而被白人老板解雇了。

然而他们骨子里有着不屈服的灵魂，他们相信尊严无价，是任何势力任何权威都不能随意践踏的。当他们手拉手、肩并肩，唱着千百年来祖祖辈辈流传下来的灵歌上班时，两边的路人都为此感动得泪流满面。

马丁·路德·金领导的这场运动终于有了一个圆满的结果。经过他们一年多的

不懈努力和斗争，联邦地区法庭最终做出了有利于黑人利益的裁定，裁定认为亚拉巴马州和蒙哥马利市在公共汽车上实行种族隔离是"违宪"的行为。1956 年 11 月 14 日，马丁·路德·金终于宣布：为期 381 天的罢乘运动结束了。黑人终于可以有尊严地乘坐公共汽车。尽管这只是他们为了自身权利进行抗争而迈出的一小步，却是至关重要的第一步。

马丁·路德·金

"填满监狱"，这是马丁·路德·金在那场同样规模宏大的"入座"运动中向所有黑人发出的著名口号。

"入座"运动也有一个事件作为导火索。那是 1960 年 1 月 31 日，在北卡罗来纳州格林波罗市的连锁酒吧里，一个名叫裘瑟夫·迈克乃尔的黑人大学生来到吧台想要买一杯酒，却受到服务员的无理拒绝，还口口声声地说："我们不给黑人提供服务。"此时，马丁·路德·金的"非暴力抵抗"的思想已经在南方大学的大学生中深入人心。当裘瑟夫把他的遭遇告诉同学们后，同学们群情激愤，决定要对这个酒吧的种族歧视行为进行抗议。于是"入座"运动就这样揭开了帷幕。

"入座"运动的行动方式是，有礼貌地进入那些拒绝为黑人提供服务的场所之后，客气地提出服务的请求，如果对方拒绝，就一直等待继续请求，直到得到服务才离开。这是南方的大学生们运用马丁·路德·金"非暴力抵抗"思想思考出来的运动形式。这场运动一经发动，不到两个月的时间里，美国南部五十多座城市的黑人大学生都参与进来。参加"入座"运动的大学生纪律严格，打不还手，骂不还口，穿着整洁，言谈得当。这样礼貌的举动让他们受到围观白人的嘲笑，有的白人甚至向他们身上泼洒番茄酱等污物。然而他们并没有因此而怒不可遏，而是继续不卑不亢，有的人还带上了书和笔，在得不到服务的等待时间里，就

马丁·路德·金夫妇会见另一位
诺贝尔和平奖获得者本奇

静坐着看书。

这次"入座"运动和"罢乘"运动不同的地方在于,这一次是自发的有意识的抵抗行为。尽管不少大学生在这次运动中被警察逮捕,但是他们在马丁·路德·金"填满监狱"的口号号召下依然不屈不挠,坚持下去。

"填满监狱"这句口号是非常符合南方黑人们的行事风格的。对于那些一代代以来以坚韧不拔的毅力忍受着奴役、压迫和不公正待遇的黑人来说,这句口号所表现出来的忍耐和殉道精神正是他们日常生活中的行为方式。里面所流露出来的勇气和宗教理想也在以后的历次黑人运动中体现出来。

马丁·路德·金在演讲

1963 年 8 月 28 日,马丁·路德·金在 25 万黑人的集会上发表了他一生中最著名的演讲《我有一个梦想》。他在这篇演讲中,将美国对自由的许诺比喻成"期票",当黑人要求兑现时,"银行"就说"资金不足"。这场演讲鼓舞着全世界热爱自由和平等的人,为自由的梦想不懈追求。然而不幸的是,马丁·路德·金在追求梦想的路上还没有到达终点就遗憾地倒下了。

1968 年 4 月 4 日,马丁·路德·金在孟菲斯市领导该市的工人罢工运动,住宿在洛林汽车旅馆。当他在房间的阳台上与同志交谈时,对面公寓里飞来了一颗罪恶的子弹,这个怀揣着很多美好梦想还没有实现的伟人倒在了地上,再也没有起来。

勃兰特

总理的一跪

谁忘记历史,谁就在灵魂上有病。

——勃兰特

1970 年,勃兰特任德国总理,他的一个惊世壮举在德国人民的心中激起了波澜。那就是在 12 月 7 日的时候,他当众在波兰犹太人殉难者的纪念碑前面跪下忏悔,这在当时真是"一石激起千层浪"。据德国前副议长安柯·福克斯女士说,对于这件事的评价众口不一,但是大部分的人还是站在勃兰特的一边的。很多德国人为此手举火把拥向街头,用这样的方式表示对勃兰特的支持。勃兰特能够代替德国纳粹向世人道

华沙之跪

歉,虽然他自己在第二次世界大战的时候也被德国纳粹迫害过,他这种勇于承担历史责任的做法不得不让世人敬佩。

勃兰特在 1913 年 12 月 18 日生于德国北部的一座海港城市吕贝克。他是一个私生子,母亲是一位售货员,生他时只有 19 岁,从小他就跟母亲的姓叫赫伯特·弗拉姆。不久母亲就嫁人了,小小年纪的他不得不与外祖父相依为命。外祖父是位社会民主党人士,有着坚定的社会主义信仰,小赫伯特听着社会民主党的斗争故事长大。在他稚嫩的心灵中,社会民主主义的思想逐渐扎根了。

1968 年勃兰特和他的竞选
顾问克劳斯

在赫伯特 16 岁的那年,他成为社会民主党的一员。1931 年,他加入了社会主义工人党,担任社会主义工人党吕贝克党组织主席。不久,希特勒上台了,他对一切进步人士进行疯狂的逮捕。赫伯特被迫改名为维利·勃兰特(在他逝世之前他都一直使用这个名字),并将一切工作转入地下。此后形势越来越紧张,他不得不偷渡到丹麦,开始了 12 年的流亡生涯。

后来他从丹麦转到了挪威,在那里继续进行反法西斯的斗争。1937 年他作为一名战地记者参加了西班牙内战。1940

勃兰特接受采访

年,由于德国侵入了挪威,勃兰特又转到了瑞典。在那里他加入了瑞典国籍,并仍然作为一名记者,及时报道了德国入侵挪威的情况。

战后,勃兰特回到了祖国,并恢复了德国国籍。1957 年,他当选为西伯林市市长。他政绩卓著,受到四方的赞誉,被世人称赞为"世界上最著名的市长"。

1966 年,勃兰特当选为联邦德国外交部长。1969 年,勃兰特在总理大选中获胜,成为联邦德国新一届的总理。

勃兰特是德国政坛最受尊敬的人物

1970 年，勃兰特出访了民主德国，并在谈判基础上签订了两国关系基础条约。随后，他还陆续出访了苏联、波兰、捷克，并与这些国家签订了历史上统称为"新东方政策"的一系列条约，条约内容包括放弃使用武力、承认战后边界和领土现状、促进相互关系正常化等。这些条约的签署大大改善了联邦德国与苏联以及其他东欧国家的关系。

勃兰特登上《时代》杂志封面

也是在这一年，12 月 7 日的上午，发生了政治史上传为经典之举的"华沙之跪"。这一天是勃兰特总理一行来到波兰进行访问的第二天。按照总理访问的行程安排，这一天应该前往地处华沙的二战时的犹太人隔离区，在死难者纪念碑处为二战时遇难的犹太人献上花圈。

在迎接仪式上，联邦德国国歌缓缓奏起了，这时勃兰特总理看到波兰人民的眼中无不饱含着悲愤的泪水。他清楚地知道，这个歌声对于波兰人民来说是多么不同寻常。当年，德国纳粹正是奏着这首歌，将波兰人民、犹太人大批大批屠杀掉。从 1945 年德国签署无条件投降书到现在已经有 25 年了，然而波兰人民又怎能忘记，他们在纳粹铁蹄下饱受的蹂躏和摧残！

勃兰特展示他的获奖证书

当勃兰特总理沿着台阶一步一步地走向高大威严的青石纪念碑时，他的思绪渐渐回到了 30 年前。那还是 1939 年 9 月，纳粹刚刚占领波兰，盖世太保头目海德里希就下达了惨无人道的"灭绝犹太人"的命令，德国法西斯加紧了对犹太人的迫害，他们建造了为数众多的犹太人隔离区和集中营。他们在华沙圈起了大约不到城市面积 4.5% 的土地建起了犹太人隔离区，将占华沙人口 25% 以上的犹太人以及在华沙周边抓到的犹太人和非犹太人不断押解到这里。最多的时候，这里居然关押了 40 多万的犹太人。在随后的惨绝人寰的大屠杀中，这些犹太人几乎全部遇难了。为了纪念这些遇难的犹太人，竖立了这座死难者纪念碑，让历史永远不要被忘记。

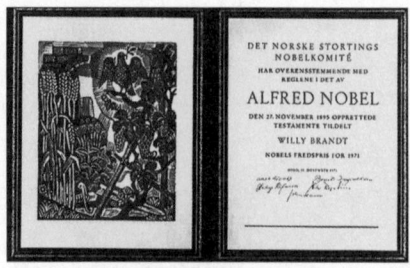

勃兰特的获奖证书

勃兰特走到纪念碑前,向死难者敬献了花圈,之后肃立在高大的纪念碑前,低下头向死难者哀悼,这时,意想不到的事情发生了,他的双膝弯了下去,扑通一声跪倒在石碑前!

这个场面令他的随同人员不知所措了,这并未在日程安排当中呀!在场的所有波兰官员和波兰人民也都被这个突然的举动惊呆了。各国的记者也都惊愕地愣在那里,又立刻回过神来赶快拿起相机,记录下这珍贵的一刻。第二天的报纸上,一个跪立在冰冷石阶上的德国总理的形象震惊了整个世界,这是二战后世界历史上具有划时代意义的瞬间。

这个著名的"华沙之跪"为联邦德国与东欧各国重修旧好铺平了道路,也为联邦德国日后加入联合国奠定了坚实的基础。

这个勇敢的举动成为勃兰特政治生涯中的经典定格,也为他赢得了1971年的诺贝尔和平奖。

勃兰特

又过了30多年,德国统一后的第二位联邦总理施罗德在对波兰进行国事访问的时候,跟随着勃兰特的脚步再次来到这座死难者纪念碑前,在勃兰特曾经跪下的地方为二战中的死难者敬献了花圈。不仅如此,施罗德还在死难者纪念碑旁安放了一个维利·勃兰特纪念碑,在纪念碑的浮雕上雕刻着勃兰特下跪时的情景,当年那一幕如在眼前。施罗德讲道,勃兰特总理用这样一种特殊的方式告诉人们,忘记历史意味着背叛,勇敢地背负起历史的责任,才能走向明天。

基辛格

中美关系的先驱

虽然我也去过别的国家,但我对中国怀有更高的敬意和感情,这不仅是因为我崇仰中国的文化,两国人民之间存有亲密联系,更重要的是中国领导人一直以战略眼光看待问题,令我印象深刻。

——基辛格

中国人对于基辛格这个名字应该说是非常熟悉了,很多人见到他都能够认出来,他总是戴一副很大的黑框眼镜,眼镜后面双眼发出智慧的神采。人们称他为沟通中美两国关系的先驱。他在上个世纪七八十年代的国际政坛中可以说是叱咤风云,他曾经作为美国总统国家安全事务助理秘密地访问了中国。这次

基辛格

访问的重大意义在于:它直接促成了美国总统尼克松对中国的正式访问,尼克松访问之后中美两国恢复了断绝二十几年的外交关

第六章 和平奖

系。与西方社会的关系修复和重建,构成了中国对外开放政策的外交基础。

　　基辛格于 1923 年 5 月 27 日出生在德国,他的祖辈是犹太人,他在很小的时候就随父母移民到了美国。基辛格曾在美国政界担任过多年的高级职务,他是著名的政治家和外交家,无论是从政绩还是学术水平上来讲他都是不同凡响的,在世界上拥有广泛的知名度和影响力。

　　基辛格是一位历史学家,但他对政治的兴趣是浓厚的。早在 20 世纪 50 年代初,他就投身政治活动。1952 年,他刚取得硕士学位,就作为参谋长联席会议心理战略小组的顾问,出入于华盛顿了。

基辛格与尼克松

　　尼克松在 1969 年上台之后,把国家安全委员会当作决定外交政策最有力的机构,而把基辛格当作操纵这个机构的"总工程师"。他在尼克松政府中任总统国家安全事务助理,其主要任务是替总统传送文件和充当总统的外交政策顾问。不到一个月,基辛格不仅成了美国对外政策方面最有权势的人物,而且是美国政府中第二号最有权势的人物。

　　对外政策是尼克松政府的重点,基辛格是为之四处奔走和进行谈判的代表。他同克里姆林宫领导人共饮香槟,使冷若冰霜的苏联人坐下来同美国人谈判。他试图同苏联建立一种新的对话关系,把缓和关系作为美国外交政策的主要目标。他秘密地来到北京,会见毛泽东主席、周恩来总理等人,为中美关系正常化做出努力。他几次秘密飞渡大西洋,设法拟订结束越南战争的妥协方案。在中东,他实行所谓的"穿梭外交",往返飞行于耶路撒冷与阿斯旺、耶路撒冷与大马士革之间,从中斡旋,至少使阿以两军开始在战场上脱离接触。总之,他在世界外交舞台上进行的频繁活动,使他成了国际政坛上的风云人物。1973 年 9 月 22 日,基辛格宣誓就任美国第五十六任国务卿,政治生涯达到了顶峰。年底,他因越南停火谈判成功而获得了 1973 年的诺贝尔和平奖。

基辛格从哈佛讲坛登上华盛顿的政治舞台后,在外交上以极端保密和追求谈判著称,但他的全球战略思想一直是公开的。他立足于追求平衡、稳定和有秩序的保守思想。他认为,成功的对外政策必须立足于国内。因此,他鼓励美国人采取一种适应越南战争结束后的世界形势的新观点。

同中国恢复正常关系,是尼克松——基辛格外交政策的重大突破。但基辛格在 1969 年初到华盛顿的时候,对中国问题几乎一窍不通,也不感兴趣。尼克松开始探索同我国接触的可能性时,他仍然将信将疑。直到同年八月,他才认识到,过去认为中国人缺乏理智,竟准备去进攻力量强过自己的苏联(指珍宝岛自卫反击战)这一看法错了。从此,他才开始抓紧一切机会研究中国问题,设法同我国外交官员进行接触。在其后的近两年中,基辛格与尼克松在对华政策上配合默契。1971 年 7 月 9 日,他秘密来到北京,同周恩来总理进行了为期两天的会谈,并发表了震惊世界的会谈公告。1972 年 2 月 21 日,基辛格陪同尼克松总统访华,再次同周恩来总理会谈,并会见毛泽东主席。访问结果是,签署了关于中美关系的《中美上海公报》,这个公报揭开了中美关系史上的新篇章。

基辛格是个谈判高手

基辛格在工作中醉心于保密和突袭;在作风上盛气凌人,唯我独尊,致使他的朋友对他敬而远之,对手们则伺机对他找碴儿。1973 年臭名昭著的"水门事件"对他的冲击很大,有些人想乘机把他搞下去。然而,他设法使自己转危为安,使他和尼克松的正常工作能继续下去。

基辛格的精力异常充沛,进入白宫后,仍然保持着德国人那种刻板式的工作态度,硬要他的下属每周工作七天,每天又常常干到深夜。他的助手大都比他年轻十来岁,却往往先于他而精神不支了。在他手下担任过重要职务而又离去的,先后有十多人。过后他们回忆起来,有的对他的军阀作风深恶痛绝,有的则不得不慑服于他那种令人难以置信的精力。

基辛格与奥尔布赖特

　　基辛格大概是唯一受到中国四代领导人亲切接见的外国人。有人问基辛格为什么如此频繁地访问中国,基辛格回答说,"我喜欢中国人民、喜欢中国文化",每次来中国,都为中国感到"震惊和喜悦"。

特里莎修女

除了爱一无所有

我饿，不是要食物，而是要和平，一心一意的和平；

我渴，不是要水，而是要和平，消除战欲的和平；

我赤裸，不是因为失去衣服，而是因为那些身上失去了美丽尊严的人；

我无家可归，不是因为无瓦遮头，而是因为没有一颗明白、照顾、爱护的心。

——特里莎修女

特里莎修女被世人称为"活圣人"，她看起来只是一位普通的修女，脸上布满皱纹，瘦弱而文静。就是这样一个普通的人，当她于1997年9月去世时，印度政府为她举行了国葬，举国上下哀悼两天。人们纷纷冒着倾盆大雨走上街头，为

特里莎

她哀悼和流泪。当她被授予1979年的诺贝尔和平奖时，颁奖词中说道："她的事业的一个特征就是对单个人的尊重……最孤独的

人、最悲惨的人、濒临死亡的人，都从她的手中接到了不含施舍意味的同情，接到了建立在对人的尊重之上的同情。"

她被视为"贫民窟的圣人"，世人亲切地称她为"特里莎嬷嬷"。她出生在斯科普里（今属马其顿共和国），父母都是普通的阿尔巴尼亚农民，从小特里莎就生活在贫穷、混乱和民族战争不断的环境中。小小年纪的她就对人生有着很多的思考，12岁时领悟到自己一生的责任是帮助穷苦的人，18岁时她进入了爱尔兰的罗莱特修女会进行学习，之后还曾在印度大吉岭受训。27岁时许下誓言愿意终身做一名修女。

特里莎是个虔诚的信徒

特里莎修女心甘情愿地放弃了在女子学校和修道院做老师的优越生活条件，从教会辞职，来到印度加尔各答。加尔各答有众多的贫民窟，而且条件极差，肮脏不堪，这座城市因此而世界闻名，印度总理尼赫鲁还曾经称之为"噩梦之城"。她来到那些简陋的贫民窟，来到穷苦的人中。她在加尔各答为了较大的孩子受教育而开办了一所学校——玛利亚学校。她从美国医疗遣使修女处学习了医疗的基本知识，并用于患病者的医治。她抚摸躺在街头即将死去的穷人的双手，带给他们临终前最后一点温暖和幸福。她毫不避讳地抚摸艾滋病人的脸庞，并为他们四处奔走筹集用于医治的资金。她送轮椅给在柬埔寨内战中被炸掉双腿的受难者，她认真地从受难者腐臭的伤口中捡拾蛆虫……

1952年后，特里莎修女就开始在加尔各答的大街上四处寻找垂死的人。她带领仁爱传教修女会的修女，为400万流落街头的人送去了爱心和希望。令人们意想不到的是，超过一半的人由于受到特里莎修女等人的细心照料而恢复了健康。

自从特里莎修女为濒临死亡的人提供服务的情况被报道后，特里莎修女和她的追随者们的事迹引起了全世界的关注。在多数人看来，对那些缺乏营养的儿童的喂养，或是给一些贫穷的人送饭等事是微不足道的，但是在一个人口极度膨胀、人们纷纷丧失希望的国家里，为一些濒临死亡的、没有多少时日的人建造容身之处，则是一个极其伟大的壮举。因为，在全世界范围内，任何其他地方都找不到特里莎修女在这项工作上所显示的那种对任何痛苦的人的无任何条件的尊重。

有一位名叫迈克尔·左美士的记者曾经报道过特里莎修女所建的一间临终关怀

院的事迹,在他的报道中写道:一天,有一个濒死的人躺在甘贝尔医院外面的路上。特里莎修女决定帮助他,但不幸的是,当她从药房拿了药物跑过来时,那个人已经凄凉地死了,来来往往的人全部都视而不见。特里莎修女异常愤怒,她说:"他们对猫、对狗,都好过于自己的同类兄弟。如果这是他们自己心爱的宠物,他们怎么会眼看着它这样死去!"

诸如此类的事特里莎修女经常遇到。

然而,街头上这样的死尸何止一具两具,在加尔各答的街道上每天早晨的尸体,就像垃圾一样堆积如山。特里莎修女决定,一定要用自己的努力让这种状况得到改善。然而这并非一件容易的事情。珍珠海贫民区的穷人们就曾经凑钱,为那些濒临死亡的人建造了一间等死屋,这间小屋设施简陋,仅有两张床,但人们为它起了一个温馨的名字——"清心之家"。但是附近居民强烈反对,他们不愿意闻到充满死亡味道的腐臭,这间等死屋没有开多久就不得不关门了。

特里莎与肯奇塔

特里莎修女走访了加尔各答市的卫生部门,幸运地得到一位官员的热心接待,在官员的帮助下,加尔各答有名的卡里寺院答应免费借出一处地方,给特里莎修女使用。

终于找到了一个可以为贫苦的病人遮风挡雨的地方,没用多久,特里莎修女就带领修女们将二十多位情况最为严重的人首先安顿了下来。

一天,特里莎修女在垃圾堆附近,发现了一个只剩下骨架的老人,那简直是一副鬼一样的骷髅,只包裹着一层薄纸般的皮,虽然他一息尚在,但是他的身体已经生了蛆虫。特里莎修女把老人抬进一间大屋,喂他吃饭,帮他清洁他瘦骨嶙峋的身体。

特里莎受到教皇接见

第六章 和平奖

"你怎么能够忍受我身体的腐臭?"老人咳喘着,虚弱地问道。

"与你身上所遭受的痛苦相比,这又算得了什么?"她轻描淡写地说。

老人嘟哝着说:"你一定不是这里的人。他们不会做这些事。"后来,老人安详地去世了。在去世之前,他不忘努力地让自己带上微笑:"你应当受到所有人的赞美。"

"你不要这样说,"她报以同样的笑容,"应当受到赞美的是你,而不是我。"

另外一位老人,在搬进大屋的那天晚上就去世了。在大屋里他虽然没有生活多少日子,但是他已经非常满足。临死前他幸福地拉住特里莎修女的手,轻轻地说道:"我一生中都被当成一条狗,直到死时才被当成一个人。谢谢你。"

正是这位不起眼的修女,让无数为社会所遗弃的人,在生命的最后时刻,获得了一生中从未有过的尊严。

特里莎修女自己一无所有,她的一生是清贫的,但她同时又是世界上最富有的人,因为她拥有了爱,奉献着爱。特里莎修女深切地知道,单纯施舍的给予会严重损害接受者的尊严,这样无法换来和平,换来的也许只是敌意。她曾感慨地说道:"我们做的不过是汪洋中的一滴水。"当她讲到这些的时候,完全是发自肺腑的,没有任何的卖弄,就如同母亲在给孩子讲故事一样的坦然平和。她淡然地说:"让我们记住这一点:没有人不需要关爱,我们要总是以微笑相见,尤其是在微笑起来很困难的时候,更需要微笑。"

188

曼德拉

南非的民族斗士

我已经把我的一生奉献给了非洲人民的斗争,我为反对白人种族统治进行斗争,我也为反对黑人专制而斗争。我怀有一个建立民主和自由社会的美好理想,在这样的社会里,所有人都和睦相处,有着平等的机会。我希望为这一理想而活着,并去实现它。但如果需要的话,我也准备为它献出生命。

——曼德拉

曼德拉的一生是革命的一生,是战斗的一生,也是为打碎民族隔离枷锁而解放南非黑人的一生。曼德拉领导南非人民经过半个世纪如火如荼、艰苦卓绝的浴血奋斗,终于废除了南非万恶的种族隔离制度,使南非各色人种第一次享受到同等权利。这位南非历史上首位黑人总统有着传

曼德拉

奇的人生。

　　少年时代的曼德拉，常常听到白人压迫黑人，黑人反抗压迫与剥削的斗争故事，因此在他幼小的心灵里早就埋下了反对种族压迫与剥削的种子。他一踏进白人教会学校的门槛，一股白人至上、黑人低下的恶风迎面袭来，使他受到莫大的侮辱，于是，他便暗暗下定决心：一定要为自己的民族争口气。走出教会学校，曼德拉就进入当时非洲南部唯一招收黑人学生的学校——黑尔堡学院。血气方刚的曼德拉如鱼得水，他被选为大学学生代表委员会成员。大学三年级的时候，因参加反对种族歧视抗议活动被校方勒令退学。但这时的曼德拉已经有了一定的斗争经验和活动能力，对日后从事艰苦的斗争大有裨益。

南非的民族斗士曼德拉

　　曼德拉带着满身的正气回到故乡，但家庭和部族长老逼他结婚，他便毅然离家，来到工业都市约翰内斯堡，过上居无定所的"游民"生活。这时他遇上比他长六岁的西苏鲁，两人一见如故，很快成为密友，当西苏鲁1949年被选为非国大总书记时，曼德拉也进入非国大全国执委会。他们同心协力，在全国范围内掀起轰轰烈烈的"蔑视不公正法运动"，曼德拉被任命为这场运动的"全国志愿队总指挥"。

　　曼德拉的行动引起了政府当局的不满，下令逮捕曼德拉并判他9个月的监禁。也就是在这一年，他完成了大学的课程，取得执业律师的资格，与校友坦博在约翰内斯堡开办了南非第一个黑人律师事务所。

　　从50年代末到60年代初，南非的民族解放运动到了大转折时期，曼德拉等新一代领导人，采取"以暴力回答暴力"的武装斗争形式，不断取得胜利。这使警方怕得要死，就以试图推翻政府为借口，把全部参加武装斗争的黑人领导者一律逮捕。曼德拉在法庭上以雄辩的口才，把警方捕风捉影的证据驳得体无完肤，法庭只好宣布曼德拉等人无罪。

　　1961年，非国大的军事组织"民族之矛"宣布成立，曼德拉被任命为第一总司令，开始了亡命生活。1962年8月被人告密而被捕，以莫须有的罪名被判5年监禁。然而，祸不单行，"民族之矛"总部遭警方突袭，被搜出的文件证实，曼德拉是"民族之矛"的总司令，被列为第一号被告。指控他进行了旨在推倒现政府的暴力斗争，因为当时是南非种族隔离政策立法化和制度化的黑暗时代。

当时，国际社会一再表明支持曼德拉反种族主义的立场，联合国以 160 票对 1 票的表决结果，呼吁南非当局释放曼德拉等人，但他们一意孤行，竟宣布将曼德拉等人判处终身监禁，将其关在罗本岛上。

曼德拉先在荒凉冷酷的罗本岛上度过了整整 18 年，后来被移到波尔斯摩尔监狱。但长期的监禁生活并没有磨损他的革命斗志，相反，他利用一切可能利用的机会，锻炼意志和体魄，在狱中继续进行斗争。德克勒克1989 年担任南非总统后，宣布解除党禁，1990年宣布释放曼德拉。

1993 年，曼德拉由于在推动南非民主进程，废除种族隔离政策方面所做的杰出贡献而获本年度诺贝尔和平奖，德克勒克也同时获奖。

1994 年，曼德拉领导的非国大在总统大选中获胜，这一年的 5 月 10 日，曼德拉就任南非总统。在曼德拉的领导下，南非政府重视发展经济，使南非成为非洲经济最发达的国家，

曼德拉投票

191

可以称之为非洲经济的中心。在曼德拉离任时，他给后人留下一个社会安定、经济发展的南非。人们不会忘记这位戎马大半生，为现代南非史揭开新的一页的革命老英雄。

曼德拉胸怀宽广、虚怀若谷，对于这一点南非人甚至全世界的人都有着共识，他为此深受人们的崇敬。当曼德拉因反种族主义的政治立场而被白人统治者残酷地关押的时候，在寸草不生的大西洋小岛罗本岛上，真是不知如何度过的那 18 年岁月。那个时候的曼德拉年事已高，但是白人统治者完全没有因他年老而减轻对他的虐待。

罗本岛是一个极其荒凉的小岛，地处距开普敦西北方向 7 英里的桌湾，岛上几乎到处都是岩石，各种凶猛的动物如海豹和蛇等随处可见。

曼德拉被关押的地方是在一个"锌皮房"中，白天的时候他要砸一整天的石头，从采石场采来大块的石块，再把大块的敲碎成小块。有的时候他还要在海里打捞海带，海水寒冷入骨。另外他还会被派去挖石灰石，清早的时候就和很多人一起被驱赶着来到采石场，那是一片很大的石灰田，他们拿着尖镐和铁锹，一锹一镐地挖掘石灰石。

鉴于曼德拉属于要犯重犯，监狱专门派了三个人来严密看守他。他们对他的态度是非常恶劣的，没事就找各种各样的理由对他进行虐待。

但是，当出狱后的曼德拉于 1991 年当选南非总统时，他在总统就职典礼上做出了一个震惊整个世界的举动。

在总统就职仪式时，曼德拉在致辞中，首先欢迎来自于世界上各个国家和地区的来宾，然而最令他感到万分欣慰的是当年他在罗本岛监狱被关押的时候那三个负责看守他的人也能来到会场。他高兴地请这三个人站起来，并将他们介绍给所有与会人员。

这是多么宽广的胸怀！不仅如此，曼德拉还从座位上站起来，向这三个看守致敬。这个场面让所有与会人员无不在惊讶之余肃然起敬。这种包容和宽宏大量，让这三个当年曾经恶劣地虐待他的人低下了头。

曼德拉是南非第一位黑人总统

曼德拉后来向其他人说，他还是很感激在狱中的生活的。因为年轻的时候自己性格非常暴躁，如果不是在狱中的那段日子，他就不能学会如何控制自己。艰苦生活的磨砺使他懂得如何去忍耐和承受痛苦，这些收获令他受用一生。他还说，他现在所表现出来的那种感恩与宽容都是经过苦难的磨砺才能够做得到的。当谈起获释时的感想时他感慨地说："当我从囚室中出来，一步步走向代表自由的监狱门口时，我深深地知道，如果不能把怨恨甩掉，那么我与在狱中时有什么两样呢？"

曼德拉宣誓就职

阿拉法特

巴勒斯坦民族之魂

我已经同一个女人结了婚,她的名字叫巴勒斯坦。

——阿拉法特

提起巴勒斯坦"国父"这个称号,阿拉法特绝对是当之无愧的。他一生中进行了 40 多年的艰苦斗争,他带领着 600 万巴勒斯坦人民追求政治上的认同,追求建立一个独立国家的伟大梦想。他反映了全体巴勒斯坦人民的呼声:他们背

2003 年 7 月 10 日,阿拉法特在拉马拉

井离乡,国家分裂,不知何时才能重新回到被以色列占领的土地上。即使是在他的生命将要完结的时候,也就是他被囚禁在拉马拉的官邸的三年时间内,他仍然是巴勒斯坦人民运动和斗争的实际领导者。

1994 年的诺贝尔和平奖授予了阿拉法特,原因是他同意与以色列和平共处互相承认,然而非常有意思的是,他在政治活动中的主要成就却恰恰是领导人民进行了反对以色列的武装斗争。事实

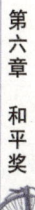

第六章 和平奖

上,这种在和平与斗争之间进行的角色转换可以说是阿拉法特政治活动的最大特点。1974年他在联大进行演讲时,手里握着橄榄枝同时腰上还扎着枪套,这样的形象给人的印象深刻,同时也是他一生政治活动的缩写。

人们常称他为亚西尔·阿拉法特,他1929年8月4日出生于耶路撒冷,阿拉法特家中共有兄弟姐妹七人。阿拉法特这个名字意思是神与吉祥,是耶路撒冷附近的一座山峰的名字。但是阿拉法特的童年并不幸福,他的母亲在他四岁时就离开了人世。上小学时阿拉法特常常被同学嘲笑,因为他非常胖,并且性格也很怪异。然而这并不妨碍他组织能力的发展,很小的时候他的组织能力就已经非常强了。

1989年1月4日,巴解组织领导人阿拉法特在纪念巴勒斯坦人反抗以色列占领西岸和加沙地带起义一周年集会上发表演说

1939年,他跟随父亲来到了加沙,在泽托恩学校读书。在学校中有一位数学老师有着很强的反以倾向,在他看来,阿拉法特的长相与阿拉伯的反帝反殖民英雄亚西尔·比拉赫非常相似,他希望阿拉法特长大以后也能像亚西尔一样。因此,这位老师就把阿拉法特叫作亚西尔。其他的人也跟着叫他亚西尔·阿拉法特。这就是亚西尔·阿拉法特这个名字的来历。

1948年,第一次中东战争爆发了,这一年阿拉法特刚满19岁。这一年也是阿拉法特为巴勒斯坦解放事业奋斗的开始,年轻的他已经投入到反以的战斗中去。不久,第一次中东战争结束了,阿拉法特进入开罗大学学习土木工程,然而他的关注点并不在学习上,他的全部精力几乎都用于武器弹药的研究工作和领导学生进行反以的斗争,他也因此成了警察局的常客。

1952年,阿拉法特加入了巴勒斯坦学生联盟,不久之后在他的领导下组建了一个军事训练营。另一个组织"巴勒斯坦学生总会"也是在阿拉法特的领导下建立起来的,这个组织的主要工作是利用出版和发行刊物来将各个阿拉伯国家的巴勒斯坦人联合和团结起来,组建各种各样的地下游击组织,开展各种形式的反以斗争。

阿拉法特从开罗大学离开后,在科威特市政工程部担任一名土木工程师,他还在科威特创办了一家"自由巴勒斯坦建筑公司"。但是这家公司只是被他用作一个掩护,他的经商活动甚至商人身份也都只是假象,他的真正目的是利用商人的便利暗中筹措资金,购买武器弹药,用于建立反以组织。

　　1957年,阿拉法特认为建立反以组织的时机已经比较成熟了,于是同阿布杰哈德等人商议建立"巴勒斯坦民族解放运动"组织的事项,并且为自己取了"阿布·阿玛尔"这个化名。1959年10月,阿拉法特联合了哈利勒·瓦齐尔、萨拉赫·哈拉夫等在科威特共同召开了一个会议,会议宣布"巴勒斯坦民族解放运动"成立了,"巴勒斯坦民族解放运动"的简称是"法塔赫"。"法塔赫"在阿拉伯文字中是由"运动"、"解放"和"巴勒斯坦"三词的词首字母拼合组成的一个词,它的意义是征服与胜利。从此,这个名字和阿拉法特领导的巴勒斯坦革命运动就在世界范围内声名远播了。

　　在第三次中东战争中,阿拉法特曾指挥了有名的"卡马拉战役",这是一场约旦、巴勒斯坦武装对抗以色列军队的斗争。斗争的原因是以军企图在卡马拉难民营消灭法塔赫组织,

圣诞节时阿拉法特点燃了手中的蜡烛

阿拉法特与曼德拉

当时法塔赫组织的剩余人数不足三百人,然而他们在阿拉法特的领导下在极其不利的境况下以少胜多。这场战斗具有非凡的意义,它彻底粉碎了以军不可战胜的传说,从此法塔赫在巴勒斯坦革命中的重要地位得以确立,阿拉法特也成为阿拉伯世界的英雄人物。

　　1988年,阿拉法特宣布接受联合国第181、242和338号决议的决定,做出这个决定是非常不容易的,需要承受国内国外的双重压力。从此巴以问题进入了"以土地换和平"的政治解决方式阶段。1989年,阿拉法特多年的不懈努力终于取得了成果,独立的巴勒斯坦国成立了,定都在耶路撒冷,阿拉法特理所当然成为巴勒斯坦国的总统。

　　1993年,著名的《奥斯陆协议》签署了。不久,协议就付诸执行。一开始协议的

第六章　和平奖

履行情况非常好，按照协议的规定，以色列不断地从占领的巴勒斯坦城市撤出。按照这样的进度，巴勒斯坦人在 1999 年就可以真正地实现成立独立的主权国家的梦想。然而事情并非想象中的那么简单，由于以色列总理拉宾遇刺以及巴勒斯坦激进组织不断进行"人体炸弹"等恐怖活动，《奥斯陆协议》没能顺利执行下去。

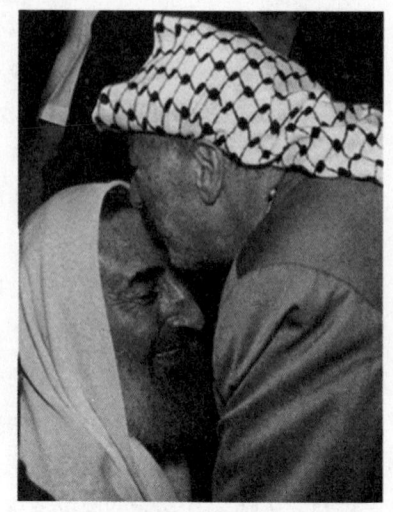

阿拉法特 1997 年会见亚辛

1995 年夏秋的时候，"人体炸弹"等恐怖活动异常猖獗。每当以色列军队从一座城市撤离，这个城市的公交车上就会有一枚人体炸弹爆炸，很多人无辜死亡。随着这些恐怖事件的发生，以色列强硬民族主义势力在国内不断制造抗议声浪。总理拉宾成为受攻击的核心，被称作是"卖国贼""刽子手""以土地换炸弹"。1995 年 11 月 4 日，拉宾不幸被犹太极端宗教分子残忍刺杀。由于拉宾的遇刺身亡，巴以和平谈判再也没能取得实质性的进展，阿拉法特与拉宾之后的各位继任者和平谈判的尝试都未能成功。

拉宾和阿拉法特历史性的握手

阿拉法特有一句名言很多人都不会忘记：我带着橄榄枝和自由战士的枪来到这里，请不要让橄榄枝从我手中落下。这句话也是阿拉法特一生不懈追求和平的真实写照。为了表彰阿拉法特在世界和平事业上所做出的贡献，1994 年的诺贝尔和平奖授予了他。

2001 年年底之后，阿拉法特就被以色列军队围困在拉马拉官邸，实际上相当于软禁。以军在距离官邸几十米的地方进行狂轰滥炸，还对拉马拉官邸进行断水断电。阿拉法特冒着生命危险在炮火轰炸过后的废墟中办公，这也是唯一一位能做到这些的国家领袖。即使在这样困难的时候，阿拉法特仍然斗志昂扬，振臂高呼"真主赐我像烈士一样死去"。然而阿拉法特并没有实现他所提出的伟大目标就与世长辞了。尽管如此，他为和平事业所做的不懈努力和牺牲将永远为人们所怀念。

经济学奖

经济学奖的历史要比其它奖项晚半个多世纪，但它能成为百年来诺贝尔奖唯一增设的项目，可见经济学在社会生活中的作用越来越重要，经济学家也可以用自己的智慧改变历史，帮助人类更深刻地认识自己、改变自己，推动人类社会不断发展进步。

萨缪尔森

经济学最后一个通才

永远要回头看，你可能会由过去的经验学到东西。我们所做的预测，通常并不如自己记忆中的那样正确，二者的差异值得探究。

——萨缪尔森

年轻的萨缪尔森

萨缪尔森出生于 1915 年 5 月 15 日，他从小天赋过人，16 岁时，就考入了芝加哥大学，在经济学院学习，期间他的成绩一直保持优异，平均成绩是 A，随后他提前大学毕业，又继续到哈佛大学深造。26 岁那年，取得哲学博士学位。他的博士学位论文题目叫《经济理论操作的重要性》，这篇文章可以认为是萨缪尔森的开山之作，他日后的大部分思想都是在这一基础

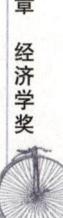

第七章 经济学奖

上发展建立起来的,这篇文章也以其新颖独到的观点获哈佛大学威尔斯奖。1940 年,萨缪尔森进入麻省理工学院工作,并逐渐变成副教授、教授。1970 年,他获得诺贝尔经济学奖,成为美国历史上获得该经济学奖的第一人。

萨缪尔森被誉为经济学界的最后一个通才,被称作是经济学领域里的博学家,这是一个极大的荣誉。经济学从创立至今经过漫长的发展,已经变得相当专业化,经济学家们往往只能专注于较为狭窄的一个领域而无力跟上所有领域的进展。但是萨缪尔森一直孜孜不倦地力图跟上所有领域的进展,关注着经济学领域出现的新问题。因此经济学家们称赞他在各个领域都是大师。一直到晚年,萨缪尔森还关注着伦理经济学这一新领域的发展。

萨缪尔森研究了经济学、统计学和数学等,在政治经济学、部门经济学和技术经济学这三大部分,萨缪尔森的见解永远都是独到而有力的。"新古典综合派"是萨缪尔森创立的一大理论体系,在这一体系里,他把凯恩斯主义和传统的微观经济学结合起来进行分析,对其进行了注释、补充和改进,此后凯恩斯主义面貌焕然一新,被称作"后凯恩斯主流经济学",这在 20 世纪 50 至 70 年代是占西方经济学统治地位的经济学思想。数理经济学的发展也有萨缪尔森的巨大功劳,他善于把数学工具运用到静态均衡和动态过程中进行经济学模型的分析。在当时,以物理学和数学论证推理方式研究经济实属新颖,这也开创了数理经济学现代化的先河。

值得一提的是萨缪尔森放弃经济顾问委员会主席这件事。故事要追溯到 1961 年,当时竞选美国总统的肯尼迪在哈佛大学读书时学过经济学,读的就是萨缪尔森的《经济学》,因此他对萨缪尔森相当崇敬。在竞选时肯尼迪以振兴美国经济为己任,邀请萨缪尔森领导一个经济班子帮他出谋划策,萨缪尔森对此颇为积极,并为肯尼迪提出了竞选总统的经济纲领。肯尼迪凭借"振兴美国经济"的口号成为美国历史上第一个最年轻的总统,他在经济观点的认识上,是一个萨缪尔森的忠实粉丝。当肯尼迪入主白宫之后,就决定聘请萨缪尔森出任经济顾问委员会主席,他亲自给萨缪尔森打电话,恳请他出山担任这一职务,为国家服务。

萨缪尔森也遇到了一个大难题,要知道,从政是一柄双刃剑,担任总统的经济顾问委员会主席,实际上可以在很大程度上

萨缪尔森的《经济学》影响深远

左右整个国家乃至全球的经济发展导向，可以把自己的经济思想运用到整个国民生活中，为人类谋福利；但是这样一来，他势必在政府工作中投入大量时间与精力，自己钟爱的学术研究就必然受到冷落，更严重的是很可能跟不上经济学发展的步伐。面对这样的难题，萨缪尔森该如何选择呢？

萨缪尔森（左）

从萨缪尔森的背景看，他是研究纯经济理论的专家，在麻省理工学院继续研究他的理论似乎是一个不错的选择，这样既可以保持学者的独立精神，继续在经济学理论问题上有所创造，还可以落得个清净的生活；但是萨缪尔森也不完全是一个象牙塔的学者，他是凯恩斯主义的忠实贯彻者，凯恩斯主义者讲求的是现实实用性，他们着力于用经济学理论指导经济政策的发展，因此，担任经济顾问委员会主席似乎是萨缪尔森千载难逢的好机会，能够影响整个美国经济的走向，这是多么诱人的职位！更重要的是，总统肯尼迪非常尊重萨缪尔森的观点，这为他的经济政策的贯彻提供了绝对的保障。

经过两周的反复思考之后，萨缪尔森谢绝了肯尼迪总统的邀请。在他看来，从学者转变成政治家并非易事，势必放弃学者的本性；更重要的是，萨缪尔森真正感兴趣的还是自己的理论研究，在这个理论王

萨缪尔森在生日宴会上

国里，他过得非常开心，他不希望打破这样的宁静！这是他做出的一个极其重要而又影响巨大的决定，当然也让许多不了解他的人跌破了眼镜，但却充分表明了他重学术甚于从政的心态。

几十年过去了，萨缪尔森的决定是正确的，他没有进入白宫政府供职，却同样致力于美国乃至整个世界经济的发展，而且作用似乎更大！他撰写了流芳百世的经济学教科书《经济学》。该书 1948 年初版，一直到现在，这本书已经再版了十几次，销售量超过 100 万册。世界各地不计其数的经济学专业的学生，都是捧着《经济学》，在萨缪尔森博大的思想指引下步入经济学殿堂的，他整整影响了一代人！

萨缪尔森(右)是经济学史上的重要人物

几十年过去了,今日,这些手捧萨缪尔森《经济学》成长起来的青年经济学家已经在各个行业担当主力,萨缪尔森的经济学理论及其思考方式正在影响着经济的发展。尽管经济学理论的变化一日千里,萨缪尔森的《经济学》也没有停滞,在再版过程中仍不断修改补充,以求跟上时代的步伐。

纳什

普林斯顿的幽灵

如果我不能在我的工作上创造美好的事，那我就不算真的变好了。

——纳什

影片《美丽心灵》是一部人物传记片。该片荣获2002年奥斯卡金像奖，几乎包揽了2002年电影类的全球最高奖项。而影片的原型——诺贝尔经济学奖获得者约翰·纳什更是一位有着传奇人生的数学天才。

纳什

约翰·纳什生于1928年6月13日。父亲是一位教师，非常懂得启发和引导子女，纳什从小就受到了良好的教育与熏陶。但是他

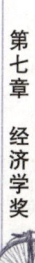

第七章 经济学奖

性格比较孤独内向，不太善于与别人打交道，更喜欢一个人独处看书或思考问题。

　　大约在 14 岁的时候，纳什就充分展现出过人的数学天分，对一些数学问题的理解，往往深刻且独到。1948 年,20 岁不到的纳什考取了美国著名学府普林斯顿大学，在那里他将攻读数学系的博士。纳什的同学们在回忆纳什时说，纳什根本就不是一个按部就班的学生，但是却又天赋过人，所以他经常选择自己躲在校园中的某处看书，而不去上课，甚至有的同学一学期下来都没有见纳什完整地上过一次课。逃课固然不好，但是这并不妨碍纳什获得知识。普林斯顿大学拥有全美国最好的一群大师，爱因斯坦、冯·诺依曼、列夫谢茨等，此外，校园浓郁的学习氛围也天天影响着纳什，他常常在图书馆里一泡就是一整天，在这里，他可以自由涉猎数学领域的每一个分支，拓扑学、代数几何学、逻辑学、博弈论等都是他非常喜欢钻研的领域，其中尤其是博弈论，他几乎用了整整一个夏天来仔细思考博弈论里面的每一个问题。

纳什准备演讲

　　博弈论这门学科其实由来已久，2000多年前中国战国时期有个著名的田忌赛马故事，在故事里著名军事家孙膑就是利用了简单的博弈论方法帮助将军田忌取得赛马胜利的，但是这只是博弈论思想的早期萌芽，并没有形成体系。真正的博弈论是由冯·诺依曼创立的，他系统地分析了博弈论的方法，开创了这一学科。但是由于冯·诺依曼的理论过于抽象，只有少数数学家才能理解他的方法，这也使得博弈论这一学科的发展受到了一定限制，这样的境况一直到纳什非合作博弈的创立才得到完全改变，它标志着博弈论的新时代的开始!

　　纳什的非合作博弈论产生于1950年，当时他终日在图书馆里研究博弈论，但是，期末考试又即将来临，纳什不得不暂时搁置自己对博弈论的研究工作，转而投入到期末考试的准备中去。电影《美丽心灵》就描写了这时的一个故事:从图书馆解脱出来之后，纳什塞满博弈论的大脑有了放松的机会。一天，他和几位同学一起去酒吧里面喝酒聊天。这时，门外走进来三位

纳什战胜了精神分裂症的折磨

普通美女和一位绝色美女,纳什的朋友们怂恿纳什去邀请那位绝色美女喝酒,纳什迷迷糊糊走上前去搭讪,却遭到了无情的拒绝。在普通人,这样的遭遇要么一笑而过,要么恼羞成怒,可是纳什是一个天才,他善于发现问题、思考问题。他忽然想到,也许在四个女生中间,大家选择首先去搭讪那位绝色美女是一个大错误,你想想,这样的绝色美女一般都不乏追求者,而且追求者们相互制约,到头来可能没有一个人能够成

功。那么是不是就该放弃绝色美女,转而追求那三位普通美女呢?也不是!普通美女会认为,这些男生没安好心,在追求别人不成之后才来追求自己,那自己岂不是沦为"替补"了,所以往往也会把这些男生一脚踢开。到头来这些男生一个女生也没有追到。纳什想出来的办法非常新颖,那就是:大家都不去搭理那位绝色美女,而首先去和那三位普通美女聊天喝酒,这样一来,绝色美女就会受到冷落。等到这个时候,如果再有谁半路杀出,上去搭讪

根据纳什故事改编的
电影《美丽心灵》剧照

聊天,那成功的概率岂不是大了很多!不愧是天才!在追求女生时都能够思考,恰恰是这一偶然的火花,点燃了纳什大脑中酝酿已久的思绪。

纳什马不停蹄地回到宿舍,开始整理自己的想法,逐渐形成了清晰的脉络。随后他把自己的研究成果写成题为《非合作博弈》的长篇博士论文,并于1950年11月刊登在美国全国科学院每月公报上,立即引起了轰动。

如果你还有点不太清楚的话,我们可以用一个生活中的例子加以说明。现在我们经常听到各种各样的家电价格大战:彩电大战、冰箱大战、空调大战、微波炉大战,等等。每当这个时候,家电厂家商家便会使出浑身解数拼命地把价格往下压,力求赢得消费者。可是呢,结果往往是,消费者用最少的钱买到了自己心仪的东西,作为消费者来说,我们当然是获利的。但是对厂家来说,价格战的结果却是毁灭性的。

生病的纳什曾经整天在
普林斯顿大学游荡

在价格战中,大家拼命压低价格,导致彩电等电器以成本价甚至低于成本的价格被出

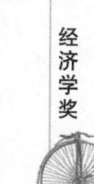

售,这样厂家是不会获得利润的,甚至还会亏损!厂家价格大战的结局正好用"纳什均衡"来解释。在彩电销售过程中,对于一个厂家来说,最好的情况是什么呢?那就是,其他的彩电厂家都保持较高的价格,而自己采取正常的价格。消费者都是聪明人,他们必然会选择价格较低的产品,而不是那些较高的。可是这样的情况在纳什均衡中并不会出现,首先,一个厂商在自己制订价格策略的时候有两种选择:他可以选择较高价格,这样当然可以获取较高的利润,但是前提是对手也制定较高的价格;同时也可以选择较低的价格,这样不管对手的价格是高还是低,自己总是能够吸引一部分消费者。因此,当完全不知道竞争对手的信息的时候,制定较低的价格总是对自己有利的,这就造成了厂家在销售过程中相互压低价格的局面!最后大家获得的利润都很少,甚至是零!这样两个或者多个厂家在制订销售策略时都选择较低的价格以及因此最终所有厂商都获利几乎为零的结局就被称为"纳什均衡",也叫非合作均衡,"非合作"指的就是厂家之间互相不了解彼此的信息,他们在选择策略时都没有"共谋",他们只是选择对自己最有利的策略,而不考虑任何其他对手的利益,他们之间是一种完全竞争关系。

看到这里,聪明的读者也许会想,为什么彩电厂家们不相互联合起来,共同制订较高的价格策略呢?其实彩电厂商们并非不想这么做,在许多行业都有各自的行业协会,以沟通行业之间的各个竞争对手。如果所有厂商都抬高价格,造成的结果就是垄断,那么受害的是消费者,遭到损害的还有社会的经济效益。这对所有国家来说都是不可接受的,这就是为什么世界各国政府都在大力反垄断的原因。

纳什的非合作博弈论从根本上对亚当·斯密的原理提出了挑战。按照斯密的理论,在市场经济中,每一个人首先从自己的利益出发考虑,最终达到全社会共同获利的结果。但是纳什均衡提出了一个悖论,想想彩电厂商们,从利己目的出发,争先恐后压低价格,但是结果呢,损人不利己。从这个意义上说,"纳什均衡"动摇了西方经济学的基石,为经济学家们提出了新的思考方向。

只有合作双方在相互平等自愿的情况下,合作才能创造最大的利益。在现实中存在更多的情况是竞争对手太多,而彼此之间不可能保持密切的交流,因此非合作的情况要比合作情况多得多。因此,"纳什均衡"对冯·诺依曼的合作博弈理论做出了重大修正,堪称是西方经济学上的一场革命。

纳什是一个不幸的人,正当他的事业发展到高峰的时候,30岁不到的纳什竟然患上严重的精神分裂症,不得不在家休养,终日如同幽灵般游荡于普林斯顿校园;但他同时也是非常幸运的,上帝给了他一位好妻子,在纳什长达几十年的患病期间,妻子艾利西亚表现出钢铁一般的意志,她耐心照料纳什的起居,孜孜不倦地帮助纳什康复,她的毅力终于换回了纳什逐渐恢复健康的奇迹。1994 年,66 岁的纳什终于登上了诺贝尔经济学奖的宝座。

卢卡斯

理性预期学说的引路人

数学能够应用到经济中,使经济学变得很有说服力。经济学家不管有多老都应该学习数学。

——卢卡斯

卢卡斯

1937 年卢卡斯生于华盛顿的雅奇马,在第二次世界大战中举家迁往西雅图,并于 1955 年从罗斯福高中毕业。

卢卡斯的经济学的学术生涯充满了传奇色彩。他一开始的梦想是成为一名工程师,这必须先学好数学,可是他厌倦数学课程,相反对历史课程兴趣浓厚。在加州大学伯克利分校念历史学研究生期间,接触到了经济史方面的内容。为了更好地掌握经济史的发展,他通读了萨缪尔森所写的经济学巨著《经济分析基础》。在这期间,卢卡斯除了自己的专业课以外,还学习了若干门经济学课程,并且经常去旁听经济学教授们的课。教授们生动的课程让卢卡斯着迷,他深深地迷恋上了经济学,最后放弃了历史专业转而研究经济学。

1964 年,卢卡斯在芝加哥大学获哲学博士学位,随后他在卡内基·梅隆大学获得了一个助教职位。卡内基·梅隆大学堪称美国经济学的摇篮,在这里,他完成了为自己赢得了无数荣誉的论文之一——《预期与货币的中性》。1975 年,芝加哥大学重金聘请卢卡斯担任经济系教授,此时他的另外一篇论文完成并问世,那就是《经济计量政策的演化:一个批判》。这两篇论文构建了卢卡斯的理论框架的雏形,成为其日后获得诺贝尔奖的基础。

20 世纪 60 年代以前,教科书中描述经济学模型都是用一种呆板的方式,主要内容就是一些静态的等式,另外一些参数放在等式的两边,一个参数表示消费,一个参数表示投资,一个参数表示生产,等等。

罗伯特·卢卡斯在武汉大学

经济学家们是在静止的情况下研究经济需求,变化只是存在于那些不同的参数中,参数变化带来结果的变化。但实际的经济生活并非这么简单,几个简单的参数并不能完全概括经济状态的发展变化,经济学家面对的应该是连续的、有时间概念的经济生活,不同阶段的经济状态是相互影响的,比如总资本数目是有限的,那么今天多花钱了,明天就得省着点,没有人规定了每天只能花多少钱。在投资上也是如此,并不是每个月平均地把钱投资出去,有可能这个月投资得多,下个月投资得少,投资多的时候,回报就会高些,但是承受的风险也会大些。我们所面对的是一些不断变化的经济状态,因此有必要在经济分析当中引入动态规划及最优控制方法。卢卡斯与南希·斯托基曾经合作写了一本《经济动态的迭代方法》,分析的就是经济学动态的规律,这已经成为经济学教科书中的经典著作。

动态经济学的分析并不是卢卡斯最杰出的成果,那本著作也只是他众多亮点中的一个。卢卡斯影响最大的成果是他提出的理性预期假说,这是其流芳百世的理论,他所属的学派被称作理性预期学派,在 20 世纪 80 年代后期迅速发展,现在已经成为非常具有影响力的大学派。

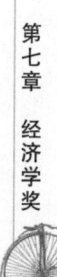

所谓理性预期，顾名思义就是指人们或者是公司在做出经济决策之前，首先会做的是收集大量相关信息，并一定会根据掌握的各种信息对结果进行预测，再根据预测的结果综合分析，然后做出最后的决定。这种在做决定之前对结果的预测会强烈地影响整个经济活动中所有参与者的行为，最终导致经济活动的结果可能因此而完全改变。

卢卡斯提出这一理论后马不停蹄地对其进行了深化，按照理性预期的理论分析了当时热门的国家政府干预经济的问题。他认为，在政府出面干预经济的时候，个人和企业会针对政府的干预进行理性的预测，从而做出应变，在这样的情况下，政府对经济的干预是没有效果的。当时，美国政府正全盘采纳奉行国家宏观调控的凯恩斯的建议对国家经济进行宏观调控，卢卡斯这一观点新颖且犀利，给了凯恩斯主义沉重的打击，这一著名的批判被称为"卢卡斯批判"，也被称为是理性预期革命。

理性预期假说理论问世之后，在卢卡斯的带领下，人们开始重新思考凯恩斯宏观经济学理论，利用理性分析这一利器，卢卡斯全方位重新修正了宏观经济学，对宏观经济学中的一些重要概念予以重新定义，比如社会总需求、社会总供给、货币、通货膨胀、经济周期等经济概念都被赋予了全新的解释和意义。

罗伯特·卢卡斯从武汉大学刘经南校长手中接过聘书

卢卡斯是理性预期学派的创始人，他的经济理论的基本前提是人们可以做出理性的、从而是正确的预期。然而有趣的是，在现实生活中，理性预期大师卢卡斯也并不是总能得出正确的预期，反而败在了前妻的手下。

原来卢卡斯的婚姻生活并不美满，他与原来的妻子丽塔·科恩感情不和决定离婚，科恩是一个非常聪明的女人，同时也非常清楚卢卡斯在经济学领域的地位和所取得的巨大成就。1989年在正式办理离婚手续时，科恩提出了一个有意思的离婚条件，如果卢卡斯在1995年10月31日前获得诺贝尔经济

卢卡斯留影

学奖,她就要得到其中一半的奖金;如果在此后卢卡斯获奖,她则得不到一分钱。

卢卡斯对自己获奖的可能性进行了全面的分析,他很清楚自己的成就,但是拥有相同分量成就的同行不在少数;此外,诺贝尔奖评选委员会更倾向于让年龄稍大的做出同样巨大贡献的人得奖。因此,综合分析之后,他觉得自己在 1995 年 10 月 31 日前获得诺贝尔奖的可能性不大。于是他同意了妻子的要求,顺利办完了离婚手续。就这样相安无事地过了五年多,"不幸"的事情发生了,在 1995 年 10 月 21 日,卢卡斯获得了诺贝尔经济学奖,距离婚协议上的期限只差了 10 天。卢卡斯不得不按离婚协议将 100 万美元的奖金分给前妻一半。为此,卢卡斯后悔不迭,认为前妻才是理性预期的大师,自己甘拜下风。

理性预期大师做出了非理性预期,令人忍俊不禁。要注意的是并不能以这个小插曲作为否定理性预期理论的依据,这只是为其传奇经济学生涯增添了一份乐趣。1995 年,卢卡斯无可争议地获得诺贝尔经济学奖,以表彰其在理性预期理论方面的杰出成就,以及他对这一学派发展的开创性贡献。理性预期理论也被称作是现代经济学中继凯恩斯革命、货币主义革命之后的理性预期革命。

卢卡斯曾于 1986 年和 2004 年两次访问中国,并到了北京、上海、西安、桂林几座城市。在 2004 年武汉大学的演讲中,当记者问到卢卡斯对于中国的变化有何感想时,他多次用"Extraordinary(非凡)"一词来形容中国的变化。毫无疑问,中国经济的高速增长深深地打动了这位以对宏观经济进行动态分析见长的学术大师。

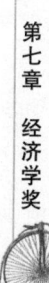

蒙代尔

欧元之父

我经历了有笑的时候,有哭的时候,有悲伤的时候,但是我坚持了我的道路,我并不为它而感到后悔……

——罗伯特·蒙代尔

罗伯特·蒙代尔

一个靠借款完成学业的人;

一个影响国际金融格局的人;

一个被誉为经济预言家的人;

一个对中国情有独钟的人;

一个被称为"欧元之父"的人。

黄褐色头发,深陷的蓝眼睛,厚厚的"双下巴",这就是罗伯特·蒙代尔,1999年诺贝尔经济学奖得主。

蒙代尔1932年出生于加拿大安大略省,20世纪50年代,20

岁出头的蒙代尔从哥伦比亚大学经济学系毕业了，对于今后的方向，蒙代尔心中早就打算好了，那就是继续深造学习经济学。在大学里，蒙代尔表现出对经济学的强烈兴趣，他非常乐于研究一些经济学问题，对一些经济学现象也格外上心。可是，希望学习经济学的他，自己的经济却成了问题，他的家境并不富裕，这给他的继续深造带来了一个不小的麻烦。该怎么办呢？有人告诉他去一个可以给他丰厚奖学金的学校，也有人告诉他娶个有钱的老婆，蒙代尔思索许久，决定自己贷款去继续深造。就这样，他走进了全球顶尖经济学家云集的麻

蒙代尔阐述自己的观点

省理工学院。在这里，蒙代尔如鱼得水，整日沉浸在经济学的殿堂中，四年的时光，为蒙代尔今后的成就奠定了坚实的基础，从此他开始驰骋于经济学广阔的天地下，最终成为一名伟大的经济学家。

　　蒙代尔担任过多项职位，为多家权威机构担任顾问。他是哥伦比亚大学教授，是联合国、国际货币基金组织、世界银行等多家国际机构的顾问，同时还是诺贝尔经济学奖的获得者。

欧元之父蒙代尔

　　蒙代尔最为世人所熟知的贡献大概非欧洲统一货币莫属。欧元于 2002 年正式启用，但是在这一历史时刻的前前后后，蒙代尔做出的贡献人所共知。蒙代尔于1961 年就发表了关于欧洲统一货币的理论文章，这篇文章引起经济学界的一片哗然，大家都讥笑蒙代尔是疯子，在当时看来，一个主权国家怎么可以没有自己的货币，货币在某种意义上甚至是主权的象征。而蒙代尔却妄想消除它，这怎么可能不引起大家的一片反对声呢？但在将近 40 年后，历史证明了蒙

蒙代尔接受中国人民大学的聘书
担任客座教授

代尔的正确, 2002 年 1 月 1 日, 欧元正式取代十二个欧洲国家的货币, 进入市场流通, 此后陆续有国家加入到这一行列中来。这时, 没有人嘲笑蒙代尔的设想了, 人们再不叫他疯子了, 而改称他为预言家。因此, 蒙代尔被尊称为"欧元之父"。蒙代尔也因为在货币金融学领域的伟大贡献, 获得了 1999 年的诺贝尔经济学奖。

在获得诺贝尔奖之前, 蒙代尔一直是以举止怪异闻名的。他不仅在学术观点上与主流格格不入, 在生活上更具有自己独特的风格。他酷爱作画, 经常在画室一画就是好几天, 期间完全置自己的主业经济学而不顾。现代人都认为看电视是一件浪费时间的事情, 但是蒙代尔却不这么认为, 更令人吃惊的是, 他最爱看的节目是专为美国家庭主妇设计的脱口秀, 里面的几个主持人被他誉为"美国最聪明的人", 可惜这么重量级的殊荣没有被哪位经济学家获得。许多经济学家都喜欢投资地产, 蒙代尔也有地产, 但是他买的可不是美国某处极具升值空间的房产, 而是意大利北部的一栋建于 12 世纪、年久失修的古堡, 在他心目中, 爱好是第一位的, 金钱于其何加焉? 此外, 他在哥伦比亚校园里面经常是长发披肩, 在课堂上也是随兴所致, 这样常常成为学生们谈论的话题。难怪 1999 年蒙代尔荣获诺贝尔经济学奖后, 美国媒体《纽约时报》头版新闻用了一个词来形容他, 在常人看这放在任何一个诺贝尔奖得主身上怎么看怎么不合适, "mave" "rick" 的意思是我行我素、标新立异, 可这恰恰是真正的蒙代尔!

而他平时为人处世简直就是一个"马大哈", 有三个经典故事为世人津津乐道: 一则是他曾当选为美国计量经济学院士, 要知道这在美国计量经济学界可是多少人梦寐以求的事情。但是当选条件却非常苛刻, 只有做出了巨大成就的杰出经济学家才有机会。可蒙代尔呢, 他对这些外加的荣誉却如对过眼云烟一样, 他压根儿就忘了拆那封通知他当选的信, 知道之后也只是一笑而过; 二则是他当选为美国经济学会主席后, 原本是安排了一个就职演说, 与会听众都是经济学界的头脸人物, 可是蒙代尔因为前一天晚上看电视节目太晚, 第二天把这事情彻底给忘了, 这让在场等待他演说的崇拜者们大失所望。最后一则是他担任《政治经济学学报》主编期间, 经常懒得看稿复信, 以至于这份学术刊物最终惨遭倒闭。

蒙代尔接受诺贝尔奖

因为行为过于放纵随意, 蒙代尔也付出了代价, 按他在经济学界的贡献, 他早就

214

应该获得诺贝尔奖了,可是得奖时间一拖再拖的原因没有别的,就是因为他的怪异性格。所以1999年的诺贝尔奖对蒙代尔来说算是姗姗来迟。

虽然蒙代尔逸闻不断,但是其学术成就却是有目共睹,不容小觑。

当代经济学界,大多数学者都主张浮动汇率体系而反对固定汇率制度,尤其是拉美和亚洲金融危机之后,浮动汇率体系的鼓吹者们仿佛更是找到了有力的证据。他们宣称,只要采用了浮动汇率,这些国家的经济危机就可以消除甚至避免。事实上,两种汇率制度各有利弊,绝非简单的一两个事件可以证明的。

蒙代尔是坚持固定汇率制度的代表,他得出结论是:一般性的采取浮动汇率制将是国际货币体系的倒退。

蒙代尔说:"我不得不与那么多良师益友分道扬镳,包括米德和弗里德曼。当然,我很高兴与几乎所有伟大的前辈经济学家站在一起,或许除了凯恩斯和费雪以外,前辈经济学大师都强烈反对在货币不可兑换的国家之间实行浮动汇率。"

有些人评出了20世纪对经济政策影响最巨大的三位宗师,他们分别是马克思、凯恩斯和弗里德曼。蒙代尔不在其列,然而,冷静考察历史的人却有不同的结论。著名经济学家、供给学派的代表阿瑟拉弗的评论很直截了当:"蒙代尔的影响与凯恩斯一样巨大而深远。区别在于:蒙代尔是正确的。"

蒙代尔在诺贝尔奖颁奖典礼上

1999年10月13日,在诺贝尔奖颁奖典礼上,瑞典皇家科学院将当年的诺贝尔经济学奖授予蒙代尔,当时在场的嘉宾有5000人,每个人都是西装革履,庄重而严肃。可蒙代尔再次让大家惊异了一回,他在演讲到动情之处竟放声而歌,那首歌是这样唱的:我爱过,我笑过,我哭过,也尝过失败的滋味;我在众人眼中成就斐然,可我没有什么了不起,我只是走自己的路而已……

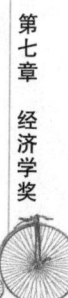

卡尼曼 获得经济学奖的心理学家

216

任何经济变革,从来就不是一个单纯的经济运作过程,而是一个"经济意识形态"双向运动的过程,它必然伴随着新旧观念的剧烈摩擦和人生价值的重新定向。

——卡尼曼

"前景理论"的创始人卡尼曼

人们最终追求的是幸福,而不是金钱,损失的痛苦大于获得的快乐。人在面临获得的时候,喜欢躲避风险,而在面临损失时,却又倾向于冒险了。输赢的关键取决于参照点。这就是2002年诺贝尔经济学奖获得者、心理学家卡尼曼带给人们的"前景理论",他为人们提供了一个严格的理论来研究如何使人们的幸福最大化,这将是经济学新的发展方向。

卡尼曼拥有美国和以色列双重国籍,1934年出生于以色列的特拉维夫，1961年，卡尼曼在美国加利福尼亚大学伯克利分校完成学业，获得博士学位。卡尼曼担任了许多职位，包括以色列希伯来大学教授、加拿大不列颠哥伦比亚大学教授和美国加利福尼亚大学伯克利分校的教授，此外，他还担任美国普林斯顿大学心理学和公共事务教授。

年近七旬的卡尼曼教授发现了人类决策的不确定性，即发现人类决策常常与根据标准经济理论假设所做出的预测大相径庭。事实上，在卡尼曼获奖之前，人们从来没有想过他能获奖，至少是经济学奖，因为他完全是一位心理学家，而非经济学家。他曾经戏称自己一生中从未上过经济学课。

根据瑞典皇家科学院的新闻公报，卡尼曼"将心理学的深入分析融入了经济学中，从而为一个崭新的经济学研究领域奠定了基础"。

在现实生活中，很多和经济学有关的问题同时也都和心理学有关。从个人购物消费到企业的风险决策，从财产损失赔偿到国家公共政策的制定，凡是涉及到要做出决策的经济行

卡尼曼的合作人特维斯基

为，来自于决策人的心理活动，都可以从心理学的角度来分析经济行为。

生活中就常有这样的例子，有的时候，人们在不知不觉中，在差的物品上花更多的钱。比如有两个面包，它们的配料相同，口味也相同，几乎没有什么不一样，只不过一个比另外一个更大一点，奇怪的是人们总是愿意花大价钱买大的面包。每个人都认为自己是理性的，具有自我判断能力，人们总相信自己的决策是对的，尤其是当他们为大的东西花更多钱的时候，他们会想：哦，我今天又捡到便宜了！可是事实上呢，人的决策却往往并不英明，便宜不一定捡到手了。

来看一个冰激凌实验。这是一道很简单的选择题，相信就算是刚刚能够区分大小多少的小学生都会做决定。有两杯冰激凌，一杯700毫升，装在500毫升的盒子里面，盒子太小装不下了，冰激凌冒起一个巨大的尖儿，看上去快要溢出来了；另一杯要多一点，有800毫升，但是装在了1000毫升的盒子里，盒子很大，所以看上去还没装满。现在我们的题目是，你愿意花更多的钱买哪盒冰激凌？

现在也许你会毫不犹豫地说，当然是800毫升的啦，因为它明显多100毫升嘛！

可是实验显示，生活中的人们却没有那么聪明。在超市里面进行同样的实验，其结果令人大吃一惊：当单独为两盒冰激凌出价的时候，人们愿意花更多的钱买700毫升的冰激凌，而不是800毫升的那盒。人们会想：它看起来明显要多些嘛，都溢出来了，盒子都装不下啦！

这正是卡尼曼教授的研究内容：人的确是有理性的动物，但是人的理性是有限的。比如，在买冰激凌的时候，人们并不是去仔细计算一盒冰激凌的真正价值之后再估价购买，而是利用其他的比较容易评价的线索来判断，比如视觉上的差异就是一种判断标准。人们觉得700毫升的冰激凌是满的，因此愿意多付钱。

卡尼曼

218

在生活中狡猾的商人们可非常清楚这一点，他们充分利用了人们的心理，制造出很多"看上去很美"的效果。比如麦当劳的冰激凌甜筒，似乎蛮多的，整个螺旋形的冰激凌高高地堆在蛋筒之上。事实上呢，你可能两口就把它吃下肚了。还有肯德基的薯条，许多人都爱买小包的，因为它看起来似乎要满一些，但是实际上算起来，大包明显要比小包划算得多，不信你去一根一根数数。

其实，这种错误可不是只有咱们普通人才会犯，就连政府工作中有时候也会犯，发生一些偏差。曾经发生过这样一件真实的事情，加深了人们对卡尼曼理论的理解，充分验证了卡尼曼理论的正确性。有一个城市半年之内接连发生两起火灾，受灾人数众多。第一次一个住宅楼着火了，小区里有50户居民，其中90%居民的房屋都被火灾摧毁了。第二次更惨了，一个拥有900户居民的小区发生大面积火灾，

卡尼曼在斯德哥尔摩
音乐厅的诺贝尔奖颁奖典礼上

其中有10%居民的房子被火灾摧毁了。如果你是民政局官员，但当你只知道其中一种情况而不知道另外一种情况的时候，你认为民政局应该支援多少钱呢？从客观上讲，后面一种情况下的损失显然更大，可结果却让人吃惊。前一次灾情，民政局支援了800万元，后一次灾情，民政局却只支援了500万元。这差异并不是来自其他的一些因素，而仅仅是因为90%和10%这两个数字的差异造成的。

对于这种情况卡尼曼的解释是：在通常情况下，人们会对外界刺激做出反应。比如光、声音、温度等。在这个时候，以前的经验给人们提供了一个可参考的水平，可以称作参考点。因而，当人们对外界的刺激可以通过以往的经验进行判断，比如在感觉一个物体的温度的时候，人们能够通过触摸，依靠过去对温度的参考点来判断它是热还是冷。同样，这种法则可以运用于其他方面，像健康、声望、财富等。比如说，两个不同的人拿同样多的工资，一个人可能觉得没法过了，这对他来说意味着失败与贫穷，而对另一个人来说意味着很大一笔钱，意味着成功与富裕。其差别也许就在于两人以前的经济水平的不同，两个人过去消费水平不一样，拥有的经验不一样，生活的方式不一样，那么在拿同样多的工资的时候，感觉就不一样了。这就是每个人内心的参考点，它会影响到人们的决策，这种影响往往是非理性的。比如前面提到的花更多的钱买更少的冰激凌。

卡尼曼的理论深深地影响了社会生活的各个领域，虽然他是一位心理学家，但是获得诺贝尔经济学奖也是实至名归！

颇有意思的是，当得知自己获得了2002年诺贝尔经济学奖后，虽然卡尼曼宣称自己是心理学家而非经济学家，但对于获奖的消息，他还是乐得忘乎所以，出门竟然忘了带钥匙，将自己锁到了屋外。当朋友问他拿50万美元奖金做什么，他不无幽默地说："我这把年纪一定会用它做出许多大事情。"

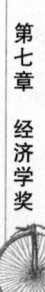

让·梯若尔

天才经济学家

作为经济学家,我认为我们的目标是让社会变得更好,让每个人有公平生活的机会。

——让·梯若尔

在诺贝尔奖的历史上,法国人在文学领域占据了一席之地,而在经济学领域,上一次法国人获得诺贝尔经济学奖则要追溯到很多年前了。

被誉为当代"天才经济学家"的梯若尔是个瘦高身材的法国绅士,他目光敏锐,脑子里随时可以调出各种各样的经济学模型。1953 年,他在法国小镇特鲁瓦出生。1976 年,他以优异成绩毕业于素有法国科学家摇篮之称的巴黎综合理工学院。1978 年他在获得巴黎第九大学应用数学博士学位后,对经济学兴趣陡增。梯若尔发现,经济学是一门有挑战性的学科,它糅合了多种学科,可以把理论与现实结合,把数学与社会学甚至心理学方面的知识相联系。带着对经济学的求知欲,让·梯若尔随后赴美国麻省理工学院继续深造并获得经济学博士学位。梯若尔继承了法国学者重视人文科学的传统,再加上他深厚的数学功底,很快就显示出了他在经济学研究领域卓越的天赋和才华。他当时的主要研究方向是宏观经济学和金融学,并以 1982 年和 1985 年发表在最权威的经济计量学杂志上的两篇经典论文奠定了他在这一领域的学术地位。

让·梯若尔

谈起这段求学经历，让·梯若尔否认受父母的影响，"我的父亲是妇产科医生，母亲是教法语和希腊语的老师，他们教会我很多知识，但这些与我学习经济学无关。我一直到上高中，对经济学还一无所知，上大学后我选择了数学和工程专业。"不过，好在数学一直是让·梯若尔的爱好。正因为有深厚的数学功底，让·梯若尔在21岁第一次涉猎经济学时即对它产生了兴趣。让·梯若尔告诫爱好经济学的年轻人："一定要学好数学，因为学好数学，可以用数学建模来解决现实问题。数学是很好的测量工具，而建立模型需要数学中的统计学，然后才能完成经济学中的很多工作。"

此后，梯若尔转向了当时正在兴起的产业组织理论，出于研究的需要，他师从于著名的博弈论大家马斯金（Eric Maskin）研究博弈论。梯若尔将博弈论和信息经济学的基本方法和分析框架应用于产业组织理论，开始构建了一个新的框架，并用其分析并解决产业结构调整中出现的许多新问题。

自20世纪80年代以来，欧洲大陆兴起了经济学复兴运动，最成功的当属法国图卢兹大学产业经济研究所（IDEI）。这个研究所是1988年梯若尔从美国回到法国后，和著名经济学家让·雅克·拉丰教授一起创办的。享誉全球的法国图卢兹大学产业经济研究所在学术研究上逐渐形成了自己独特的风格，

图卢兹大学

学术界开始将其称为"图卢兹学派"。2005年，该研究所在顶级杂志上发表的论文数目比欧洲其他所有的学校加起来还多。如今，法国图卢兹大学产业经济研究所已经成为经济学界公认的世界第一的产业经济学研究中心，也是欧洲的经济学学术中心。这是梯若尔为法国乃至整个欧洲经济学的振兴做出的卓越贡献。

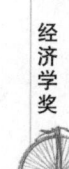

梯若尔仿佛是专为经济学而生的,他对经济学惊人的直觉,是一般的经济学家望尘莫及的。1988 年,他的代表作之一《产业组织理论》出版,标志着产业经济学新的理论框架的完成。在此后的十几年中,这本书一直作为世界著名大学经济系研究生的权威教程而广为流传,至 21 世纪初无人超越。

梯若尔具有非凡的概括与综合能力,总是能够把经济学的任何一个领域中最为本质的规律和最为重要的成果以最为简洁的经济学模型和语言表达出来,并整理成一个系统的理论框架。他敏锐的洞察力和极快的反应能力使得一般的学者根本无法跟上他的思维,因而许多人都这样自嘲:"在梯若尔面前,我们如同白痴!"

梯若尔把智慧的光芒和热量洒向经济学的每一个研究领域。他在经济学领域可谓是"通才",其研究的领域涵盖宏观经济学、产业组织理论、博弈论、激励理论、国际金融,以及经济学与心理学的交叉研究。自 20 世纪 90 年代中期起,梯若尔开始以一个开拓者的姿态征服经济学的新领域:经济组织中的串谋问题(1992)、不完全契约理论(1999)、公司治理结构(2001)、公司金融理论(2002)、国际金融理论(2002),以及最近完成的经济心理学(2002)。在上述每一个领域,梯若尔或以综述性论文的方式,或以专著的形式完成该领域的理论框架建构,并指出进一步研究的方向,然后悄然转向另一个领域。2003 年后,他把目光又投向了经济学更深层次的基础性问题——经济心理学的研究,已完成了 5 篇高水平的学术论文。

在梯若尔之前,经济学很擅长处理完全竞争问题和单极垄断问题。对于寡头垄断格局下企业的行为方式,人们也有一些一般化的理解,而梯若尔却为这些理解增添了极为丰富的细节,并将它具体运用到了特定产业。他说,对于寡头垄断,不存在普遍适用的监管方式。

缺乏企业成本和定价的完整信息是对寡头垄断监管的一个巨大难题。20 世纪80 年代,梯若尔与让·雅克·拉丰提出了一个想法,用复杂的、与产业相关的激励式合同监管寡头垄断。一方面它能让监管机构不必全面了解企业个体的经济状况,另一方面能确保消费者和社会不因产业内的超额利润而蒙受损失。

例如,苹果和谷歌等新型企业巨头的竞争方式已经与经典的经济学模型大相径庭了。与经典模型相反,苹果和谷歌向消费者提供的产品在价格上也许是免费的,但他们围绕最新科技开展的竞争往往会形成其对市场的主导地位。如何监管这类企业是一个棘手的政策问题。基于这种研究思路,梯若尔使用博弈论和契约理论等新的工具,构建了相关的理论框架。所谓博弈论,是研究冲突与合作的数学理论。契约理论,则是研究在信息不对称条件下如何形成契约的理论。梯若尔的研究越来越体现出了它的价值和优越性。

对于外界称呼他为"天才经济学家"和"经济学通才",让·梯若尔予以了否认:"我不认为自己是天赋异禀的天才,我只是非常热爱我的工作。同时,我有非常优秀的科研伙伴,他们一直鼓舞我。我也很幸运,还有那么好的学术环境,这些都很重要。"让·梯若尔口中优秀的科研伙伴包括他的恩师埃里克·马斯金(Eric Maskin),马斯金是 2007 年诺贝尔经济学奖得主,"在我学生时代,他就给了我很多的指导"。因著书《博弈论》,让·梯若尔被世人称为"博弈论"之父。对此,让·梯若尔"纠正"说:"《博弈论》是我和朱·弗登博格(Fudenberg)在老师马斯金的指导下共同完成的,他们给了我很多建议和帮助。"

让·梯若尔口中另一位优秀的伙伴便是他已故的人生挚友让·雅克·拉丰。让·雅克·拉丰与让·梯若尔合著过《政府采购与规划中的激励理论》《电信竞争》等。"让·雅克·拉丰是我非常亲爱的、重要的科研伙伴,但遗憾的是 2004 年他去世了,那么年轻就走了。"说起自己的这位已故挚友,让·梯若尔无比惋惜,"让·雅克·拉丰总是鼓励我,并认为我是世界上最优秀的经济学家。如果他还在世,那么 2014 年的诺贝尔经济学奖应该是他和我共同获得。"

这个瘦高身材、目光敏锐、脸上总是带着孩童般天真笑容的法国经济学家在其 20 多年的研究生涯中所做出的贡献是普通人倾其一生的精力都无法企及的。300 多篇高水平的论文,11 本专著,他的学术研究几乎遍及了经济学的每一个重要领域。在当今经济学领域,梯若尔绝对是当之无愧的天才。